W0261731

Die „Monographien zum Pflanzenschutz"

behandeln in einzelnen Heften tierische und pflanzliche Schädlinge, nicht-
parasitäre Krankheiten und allgemeine Fragen der Pflanzenschutzforschung.
Ihre Entstehung geht von der Tatsache aus, daß der Raum der Handbücher
bei dem heutigen Umfange der Forschung für eine ausreichende Behandlung
gerade der wichtigsten Gegenstände zu eng geworden ist, während die
Einzeltatsachen so zahlreich und in der Zeitschriftenliteratur so weit zer-
streut sind, daß es unmöglich ist, sie bei Bedarf in kurzer Zeit herauszufinden.

Daher sollen die „Monographien" die notwendige Sammelarbeit in
Abhandlungen leisten, die von Spezialforschern nach einheitlichem Plane
ausgeführt sind. Sie sollen sowohl erschöpfende Auskunft auf besondere
Fragen geben, wie auch als Grundlage für die weitere Forschungsarbeit
dienen, indem sie die bisherigen Kenntnisse nach der Gesamtliteratur wiedergeben und etwaige Lücken in ihnen aufzeigen.

Aus diesen Richtlinien ergibt es sich von selbst, daß die Darstellung
neben der biologischen Beschreibung auch die unmittelbar praktischen Fragen
der Vorbeugung und Bekämpfung von Schäden in gleich gründlicher Weise
berücksichtigen wird. Die Monographien wenden sich daher nicht nur an
die beruflich im Pflanzenschutzdienst und im Unterricht Tätigen, sondern auch
an die weiteren Kreise der Praktiker und wollen damit der wissenschaftlichen
Forschung ebenso wie der praktischen Förderung des Pflanzenschutzes dienen.

Herausgeber und Verlag.

Monographien zum Pflanzenschutz

Herausgegeben von Professor Dr. H. Morstatt · Berlin-Dahlem

5

Der Wurzeltöter der Kartoffel

Rhizoctonia solani K.

Von

Dr. Hans Braun

Biologische Reichsanstalt für Land-
und Forstwirtschaft, Berlin-Dahlem

Mit 17 Abbildungen und 14 Tabellen

Berlin

Verlag von Julius Springer

1930

ISBN 978-3-642-89088-8   ISBN 978-3-642-90944-3 (eBook)
DOI 10.1007/978-3-642-90944-3

Inhaltsverzeichnis.

I. Wirtschaftliche Bedeutung.

In dem alljährlich von dem amerikanischen Office of plant disease survey and pathological collections herausgegebenen Bericht über die Krankheiten der Feldfrüchte wird regelmäßig als eine der verbreitetsten und schädlichsten Kartoffelkrankheiten die *Rhizoctonia*-Krankheit bezeichnet. Daß diese Ansicht berechtigt ist, geht aus den statistischen Erhebungen zur Genüge hervor. Die Höhe der in den Jahren 1921—1927 in den Vereinigten Staaten durch Krankheiten schätzungsweise verursachten Ernteverluste an Kartoffeln sowie die Höhe derjenigen Anteile, die auf das Auftreten der *Rhizoctonia* zurückgeführt werden, gibt die folgende Tabelle wieder.

Tabelle 1.

	Gesamtverlust %	Davon entfallen auf *Rhizoctonia* %
1921	18,6	2,7
1922	21,1	2,9
1923	16,2	2,6
1924	19,2	2,7
1925	21,0	2,8
1926	18,2	1,6
1927	19,7	2,4
Durchschnitt:	19,1	2,5

Unter Berücksichtigung des Gesamtertrages errechnet sich daraus ein durch *Rhizoctonia* verursachter jährlicher Durchschnittsverlust von etwa 265000 t für U.S.A. Nun ist ja bekannt, wie großen Schwierigkeiten eine zuverlässige zahlenmäßige Schätzung der Ernteverluste begegnet. Und wenn auch die phytopathologische Statistik der Vereinigten Staaten als am weitesten entwickelt gilt, so ist eine gewisse Skepsis allen derartigen Zahlenangaben gegenüber notwendig.

Die Bedeutung der *Rhizoctonia*-Krankheit läßt sich aber noch in anderer Weise veranschaulichen. Vergleicht man nämlich den Anteil der acht in den Berichten über die Kartoffelernteverluste berücksichtigten Krankheiten, so muß man feststellen, daß *Rhizoctonia* nur von wenigen übertroffen wird, und zwar in den Jahren 1925 und 1926 von drei, in den übrigen von zwei. Diese verteilen sich auf die in Amerika stark verbreiteten verschiedenen Formen des Kartoffelbrandes, auf die Krautfäule und auf Mosaik- und Blattrollkrankheit. Weiter ist aber auch zu berücksichtigen, daß aus engeren Gebieten vorliegende Schadenmeldungen oft erheblich höhere Verlustziffern bringen. So werden für den Staat Kansas Ertragsausfälle zwischen 10 und 15% während mehrerer Jahre gemeldet, eine Zahl, die für noch enger begrenzte Flächen unter entsprechenden Bedingungen noch wesentlich höher ansteigen kann.

Die durch *Rhizoctonia solani* hervorgerufenen Schädigungen beschränken sich aber nicht nur auf die Kartoffel, sondern betreffen auch andere Kulturpflanzen. Als Beispiel sei auf die schweren Verluste hingewiesen, die bei der Nelkenanzucht im Staate Illinois durch das Auftreten der *Rhizoctonia* entstehen. PELTIER gibt 1919 an, daß mit einem Durchschnittsverlust von 2,2% Pflanzen im Gewächshaus und 3,25% im Feldbestand zu rechnen sei. 1900 fanden DUGGAR und STEWART sogar eine Parzelle von *Dianthus barbatus*, in welcher 90% der Pflanzen im Laufe des Sommers durch Befall mit *Rhizoctonia* zugrunde gingen. 1923 berichtet BURGER über Verluste von 40—80% bei Bohnen infolge Hohlstengeligkeit durch *Rhizoctonia solani*; in einem Fall sei sogar ein 15 Acre großes Feld vollkommen vernichtet worden.

Breiten Raum nimmt in der amerikanischen phytopathologischen Literatur die als „damping off" bezeichnete Krankheitserscheinung ein. Sie wird ebenfalls zum sehr großen Teil dem Auftreten von *Rhizoctonia solani* zur Last gelegt. Hier sei namentlich der umfangreichen Schäden bei Kohl (GRATZ 1925) und in den Koniferenanzuchtgärten (HARTLEY 1921) gedacht. Aber auch eine ganze Reihe anderer Wirtspflanzen sind anscheinend dieser Angriffsform des Pilzes ausgesetzt, der als einer der Großschädlinge bei der Sämlingsanzucht betrachtet wird.

Außerordentlich schwere Verluste können schließlich auch durch Fruchtfäulen verursacht werden, die auf Infektion mit *Rhizoctonia solani* zurückzuführen sind. So berichten RAMSEY u. BAILEY 1929, daß die „soil rot" genannte *Rhizoctonia*-Fruchtfäule der Tomaten durchschnittlich 5—15% Verlust verursache, der in extremen Fällen bis zu 60% ansteige. 1926 sind im ganzen 26 Waggons untersucht worden. Der Durchschnittsverlust betrug über 7%; er stieg von 2% in den besten Waggons auf 15—50% in den schlechtesten.

Diese Beispiele dürften zur Genüge zeigen, daß die wirtschaftliche Bedeutung des Parasiten in den Vereinigten Staaten außer Frage steht. Schwieriger ist es, sichere Anhaltspunkte über den Umfang der durch ihn verursachten Schäden in anderen Ländern zu gewinnen. Wir beschränken uns deswegen hier auf Angaben über sein Auftreten in Deutschland. Daß der Pilz auch hier außerordentlich stark verbreitet ist, geht aus einer Bemerkung FRANKS hervor, die er bereits im Jahre 1897 gemacht hat und die besagt, daß es kaum ein Kartoffelfeld gäbe, auf dessen Kartoffeln nicht wenigstens kleine Spuren von *Rhizoctonia*-Pocken vorkämen. In ähnlichem Sinne äußern sich später auch andere Autoren. Trotzdem kann DUGGAR 1915 mit Recht feststellen, es sei überraschend, wie wenig Beachtung *Rhizoctonia solani* in Europa gefunden habe, obgleich dieser Pilz als Erreger einer in Zentraleuropa weit verbreiteten Kartoffelkrankheit bekannt sei. Nach zahlenmäßigen Unterlagen für Ertragsausfälle vollends sucht man völlig vergeblich. Das könnte dafür sprechen, daß der Krankheit bei uns nur eine untergeordnete Bedeutung beizumessen sei. K. O. MÜLLER (1924), der sich die Frage vorgelegt hat, ob die durch den Pilz verursachten Schäden in Amerika wirklich bei weitem größer als in Deutschland seien oder ob seine schädigende Wirkung hier nur mehr oder weniger übersehen sei, ist auf Grund zahlreicher Beobachtungen zu dem Eindruck gekommen, daß die *Rhizoctonia*-Krankheit auch in Deutschland eine große Rolle spiele, daß sie aber bisher zu wenig Beachtung gefunden habe. Einen kleinen Anhalt für ihre Bedeutung kann uns die von SCHLUMBERGER zusammengestellte Übersicht über Saatenanerkennung und Pflanzenkrankheiten geben, die 1926 erstmalig im einzelnen die Gründe für die Aberkennung auch bei Kartoffeln aufführt. Von der insgesamt wegen Krankheiten aberkannten Kartoffelfläche entfallen auf *Rhizoctonia* 1926 2,9%, 1927 5,9%, 1928 5,5%. Hierbei ist aber zu berücksichtigen, daß einmal diese Übersicht nur eine Auswahl von besonders pfleglich behandelten Beständen betrifft und daß zum anderen die Anerkennung die Ausscheidung nur solcher Bestände zum Ziel hat, bei denen die Gefahr der Übertragung einer Krankheit durch das Erntegut besteht. Das Auftreten der *Rhizoctonia*-Krankheit braucht aber durchaus nicht immer eine diese Voraussetzung erfüllende Form anzunehmen, so daß durch sie hervorgerufene Schäden in der Anerkennungsübersicht wahrscheinlich kaum hinreichend zum Ausdruck kommen. Das 1927 verstärkte Auftreten der *Rhizoctonia* wird durch die von der Biologischen Reichsanstalt herausgegebenen Berichte über Krankheiten und Beschädigungen der Kulturpflanzen bestätigt. In ihnen werden für dieses Jahr Angaben über örtliche Schäden bis zu 30% gemacht. Sehr starkes Auftreten von *Rhizoctonia* wurde 1928 gemeldet, namentlich aus Pommern, so daß sich die Biologische Reichsanstalt schon mit dem Gedanken trug, eine fliegende Station im Befallsgebiet zur genaueren Erforschung der Krankheit einzurichten. Ich selbst fand dort einen Schlag, auf dem ganze Reihen von Stauden nicht aufgelaufen waren. Wieweit sich der starke Befall im Frühsommer in einem Ertragsausfall ausgewirkt hat, kann infolge Fehlens statistischer Unterlagen nicht beurteilt werden. Daß aber örtlich begrenzt schwere Schäden auftreten können, geht auch aus einem Bericht APPELS (1917) hervor, demzufolge in einem auf einem frisch umgebrochenen Waldboden angelegten Kartoffelschlag nur ganz vereinzelt Stauden aufliefen. Über den Befall anderer Pflanzen durch *Rhizoctonia solani* liegen aus Deutschland kaum Angaben vor. Ob wirklich der Parasit bei uns im wesentlichen nur bei der Kartoffel schädigend auftritt, oder ob diese, zu den Angaben der Amerikaner in merkwürdigem Gegensatz stehende Feststellung ebenfalls auf ungenügende Beachtung des Parasiten zurückzuführen ist, läßt sich vorerst nicht entscheiden.

Zusammenfassend können wir jedenfalls feststellen, daß die durch *Rhizoctonia solani* verursachten Schäden in Deutschland wohl nicht den Umfang der in den Vereinigten Staaten hervorgerufenen erreichen, daß der Parasit aber zweifellos als ernster Schädling unserer Kulturpflanzen zu betrachten ist.

II. Geschichtliches.

Die erste eingehende Beschreibung der Krankheit und ihres Erregers stammt aus dem Jahre 1858. In seinem damals erschienenen Werk „Die Krankheiten der Kulturgewächse, ihre Ursachen und ihre Verhütung" behandelt JULIUS KÜHN auch den Schorf oder Grind der Kartoffel und bezeichnet als wahrscheinliche Ursache dieser Krankheit einen parasitischen Pilz, der, wie er glaubt, ein noch nicht beschriebenes Gebilde ist und von ihm den Namen *Rhizoctonia solani* KÜHN erhält. Ob KÜHN diesen Parasiten wirklich zum erstenmal beobachtet hat, läßt sich heute nicht mehr mit Sicherheit entscheiden. Möglicherweise ist er schon zu Beginn des 19. Jahrhunderts erstmalig gefunden worden.

1842 gibt nämlich LÉVEILLÉ in einer Abhandlung über die Gattung *Sclerotium* den Inhalt eines Briefes wieder, den er 1826 von SIMONET DU BOUCHET als Begleitschreiben zu einer Probe von Kartoffeln erhalten hat.

In diesem Schreiben teilt SIMONET dem Adressaten mit, daß er Ende September 1803 eine Pflanze gefunden habe, die er zunächst als ein Haarmoos (*Byssus*) angesehen habe, die sich dann aber als ein Sklerotium herausgestellt habe und jetzt als *Rhizoctonia* zu bezeichnen sei; diese Pflanze habe auf einem einzigen Feld mehr als 20 Kartoffelstauden zerstört. Mitte Oktober 1807 habe er sie wiedergefunden, diesmal habe sie aber weniger Verwüstungen angerichtet. „Dans les échantillons vous verrez des touffles d'une expansion byssoide rougeatre, attachées a la surface, et qui tiennent enchainés des grains de sable etc. Aux boursouflemens, d'ou partent ces filamens, correspondent des cavités tantot simples, tantot cloisonnés."

LÉVEILLÉ fügt hinzu, er selbst habe keine Sporen entdecken können; das Zitat habe er deswegen ausführlich wiedergeben zu müssen geglaubt, weil es die Landwirte mit einem furchtbaren Feind bekannt mache, den er bisher bei keinem der zahlreichen sich mit der Kartoffel befassenden Autoren erwähnt gefunden habe. Vermutlich sei aber die Kartoffel nicht die einzige Pflanze, welche infiziert werden könne.

Hiernach erscheint es nicht ausgeschlossen, daß bereits SIMONET und LÉVEILLÉ *Rhizoctonia solani* K. vor sich gehabt haben. Selbst wenn das der Fall gewesen sein sollte, so bleibt es doch das Verdienst Kühns, die Krankheit und ihren Erreger zum erstenmal eingehend beschrieben zu haben.

Kühn gibt an, daß sich auf der Schale der Kartoffel kleine runde schwärzliche Flecken bilden. Wenn der Fleck eine gewisse Größe erreicht hat, reißt die Schale, und die entstehenden Risse haben eine vermehrte Korkbildung zur Folge. Bei Nässe oder Gegenwart eines sehr stickstoffreichen Düngers breiten sich diese Schorfflecke über die ganze Oberfläche der Knolle aus, senken sich mehr und mehr in sie hinein und führen zu einer immer weiter und tiefer gehenden jauchigen Zersetzung, die als Räude oder Krätze bezeichnet wird. Als wahrscheinliche Ursache dieser Krankheit sieht Kühn einen Pilz an, dessen einzelne dunkelbraune Hyphen er nahe den braunschwarzen Flecken auf der Oberfläche der Knolle beobachtet hat. Sie sind nicht sehr reich verzweigt, aber vielfach, und zwar oft ziemlich scharfeckig gebogen. An ihren Ausgangpunkten kommen sie aus der Rinde der Kartoffel hervor. Ihre braune Verfärbung beschränkt sich nur auf den oberflächlich aufgelagerten Teil, während ihre Fortsetzung in das Gewebe der Kartoffel wasserhell und mit feineren Verzweigungen versehen ist, welche die Korkzellen durchziehen. Die Korkzellenbildung erfährt dadurch eine enorme Steigerung. Im Laufe der weiteren Entwicklung des Pilzes bilden sich aus einzelnen, allmählich etwas erweiterten Hyphen kurze, schwach violett gefärbte Hyphenglieder; diese vermögen sich nach allen Seiten auszustülpen und führen so zur Bildung von rundlichen Körpern, die entweder fortpflanzungsfähige Zellen, Konidien, sind oder der eigentlichen Sporenentwicklung dienen. Häufig finden sich auch runde dickwandige purpurfarbene Sporen eingestreut.

Kühn grenzt die Krankheit scharf ab gegen die Korkwarzenbildung, die eine ganz normale Lebenserscheinung der Kartoffel darstellt und heute als Tüpfelwucherung bezeichnet wird.

Diese ersten Beobachtungen hat Kühn 30 Jahre später 1889 berichtigt. Das 1858 beschriebene Krankheitsbild stellt eine Verquickung von durch zwei verschiedene Erreger hervorgerufenen pathologischen Erscheinungen dar. Nunmehr wird der nach unseren heutigen Anschauungen auf Actinomyceten zurückzuführende echte Schorf oder das Grindigwerden der Kartoffeln von der durch *Rhizoctonia solani* verursachten Pockenkrankheit getrennt. Dieser Pilz befindet sich nur auf der Schale der Kartoffel und ruft lediglich eine etwas verstärkte Korkbildung hervor.

Seit dieser Zeit hat *Rhizoctonia solani* ständig zunehmende Beachtung gefunden und sich immer mehr als gefährlicher Parasit unserer Kulturpflanzen erwiesen. Sehr bald wird es klar, daß das von Kühn gezeichnete Bild nur einen sehr begrenzten Ausschnitt aus der Lebensgeschichte des Pilzes widergibt. Der Kreis seiner Wirtspflanzen erweitert sich fortgesetzt. Sie werden allmählich im Lauf der Jahre aus allen Erdteilen, zunächst vornehmlich aus Nordamerika gemeldet, wo dem Pilz wegen der schweren durch ihn hervorgerufenen Schädigungen frühzeitig größte Aufmerksamkeit zugewandt wird. Peltier hat den Parasiten 1916 bereits auf 75 Spezies beobachtet; nach Literaturangaben ist er

aber um diese Zeit allein in den Vereinigten Staaten schon auf etwa
165 Spezies festgestellt worden, während OAKLEY 1924 sogar angibt, daß
rund 500 Spezies von ihm befallen werden sollen.

Mit der zunehmenden Zahl von Wirtspflanzen wächst die Vielför-
migkeit der beobachteten Krankheitserscheinungen, wenn auch naturgemäß nicht in dem gleichen Umfang. Denn sie lassen sich, wie PEL-
TIER 1916 feststellt, zu ganz bestimmten Gruppen zusammenfassen, die
für den gleichen Typ von Wirtspflanzen stets die gleichen sind. Auf der
anderen Seite wechseln aber die Krankheitssymptome nicht nur mit dem
Wirtspflanzentyp, vielmehr unterliegt dieselbe Wirtspflanze unter dem
Einfluß des Parasiten den verschiedensten pathologischen Veränderungen. Wir brauchen nur an die Kartoffel zu denken, bei der uns heute
eine ganze Reihe solcher deutlich unterscheidbaren Krankheitssymptome
bekannt sind.

Auch die von KÜHN gegebene Beschreibung von *Rhizoctonia solani*
erfährt bald weitgehende Ausgestaltung, so daß wir verhältnismäßig
frühzeitig ein einigermaßen abgerundetes Bild von der Organographie
des Pilzes erhalten. Den wichtigsten Schritt bedeutet die Entdeckung
der höheren Fruchtform durch ROLFS (1903), die *Rhizoctonia solani* als
Basidiomyceten kennzeichnet, über dessen genauere systematische Stellung, wie wir sehen werden, bis heute aber noch keine volle Einigung
erzielt ist. Sehr viel später dagegen haben die Bemühungen eingesetzt,
auch die Physiologie des Pilzes genauer kennenzulernen. K. O. MÜLLER
muß noch 1924 feststellen, daß unsere Kenntnisse über die Entwicklung
und Biologie des Erregers zu gering sind, um mit Aussicht auf Erfolg
die züchterische Bearbeitung der Kartoffel zur Erzielung *Rhizoctonia*-
widerstandsfähiger Rassen in Angriff nehmen zu können. Das gilt für
die Physiologie unseres Pilzes in erster Linie. Wohl haben sich einzelne
Forscher mit den Entwicklungsvorgängen und ihrer Abhängigkeit von
äußeren und inneren Faktoren an Hand von Reinkulturen beschäftigt.
So hat ROLFS bereits 1904 den Einfluß der Temperatur auf das Wachstum des Myzels untersucht. Ähnliche Untersuchungen sind späterhin wiederholt durchgeführt worden und lassen uns heute die Beziehungen zwischen Temperatur und Parasit ziemlich eindeutig erkennen. Auch die Frage nach der Lebensdauer des Pilzes und nach
der Abhängigkeit der Entwicklungsvorgänge von inneren Faktoren
ist dabei wiederholt angeschnitten worden. Dagegen ist der Stoff-
wechsel des Parasiten ebenso wie seine karyologischen Eigentümlichkeiten erst sehr spät zum Gegenstand planmäßiger Untersuchungen
gemacht worden. Abgesehen von einer kurzen Mitteilung von WOLF
aus dem Jahre 1914, der angibt, ein Enzym des Pilzes gefunden zu
haben, ist eine grundlegende Untersuchung der Stoffwechselvorgänge
erst durch MATSUMOTO (1921—1924) und K. O. MÜLLER (1924) und

der karyologischen Verhältnisse durch letzteren in Angriff genommen worden.

Wesentlich mehr Beachtung haben dagegen von Anfang an die Beziehungen zwischen Parasit und Wirtspflanze sowie ihre Abhängigkeit von äußeren Faktoren gefunden. Es ist nur natürlich, daß man mit der wachsenden Erkenntnis der Schädlichkeit eines Parasiten vor allem die Bedingungen, die das Auftreten der Krankheit bestimmen, zu ergründen sucht, da es auf diese Weise am ersten gelingen wird, Anhaltspunkte zu gewinnen, wie ihr am besten zu begegnen ist. Frühzeitig zeigt sich, daß *R. solani* ein weit verbreiteter Bodenbewohner ist, der saprophytisch zu leben vermag und nur unter bestimmten Voraussetzungen stark pathogen wird. Schon JULIUS KÜHN hat gewisse derartige Zusammenhänge angedeutet. Aus den weiteren Untersuchungen (ROLFS 1904, PELTIER 1916, RICHARDS 1921, 1923, MÜLLER 1924 u. a.) schälen sich immer mehr als maßgebende Faktoren Temperatur und Feuchtigkeit heraus, wozu sich dann weiter die Gegenwart aggressiver Pilzstämme und der Anfälligkeitsgrad der Wirtspflanzen gesellen. Gerade die Fragen der Aggressivität und der Resistenz nehmen im Laufe der Jahre in der Literatur einen immer weiteren Raum ein und finden die widersprechendsten Beantwortungen, so daß sie auch heute noch nicht als geklärt angesehen werden können.

Ihre Lösung ist deshalb so besonders bedeutungsvoll, weil sie eine der wichtigsten Grundlagen für eine wirksame Bekämpfung der Krankheit liefert. Diese hat von Anfang an im Mittelpunkt des Interesses gestanden. Neben vorbeugenden Maßnahmen, die auf Beseitigung aller für das Auftreten der Krankheit günstigen äußeren Faktoren abzielen, sowie Ausnutzung natürlicher Resistenz hat man sich namentlich mit der Anwendung chemischer Mittel frühzeitig beschäftigt, sei es in Form der Bodendesinfektion, wie sie in erster Linie im Gewächshaus zur Anwendung gelangt, sei es in Form der Saatgutbehandlung. Bei letzterer läßt sich im Lauf der Jahre eine folgerichtige Fortentwicklung beobachten. Von der rein empirischen Versuchsmethodik, wie sie erstmalig ROLFS (1902) angewandt hat, führt der Weg über die Laboratoriumsprüfung der Keimfähigkeit gebeizter Sklerotien durch GLOYER (1913) mit anschließender Nachprüfung dieser Ergebnisse im Feldversuch (MELHUS u. GILMAN 1921) zur Errechnung des chemotherapeutischen Index (BRAUN 1926, 1928).

Entsprechend dem hier in großen Zügen skizzierten geschichtlichen Überblick über die Erforschung von *R. solani* wollen wir in den nachfolgenden Abschnitten ein Bild von dem gegenwärtigen Stand unserer Kenntnisse über diesen Parasiten geben.

III. Name und Synonyme des Erregers; systematische Stellung.

Die Nomenklatur unseres Parasiten ist bis heute noch nicht eindeutig geklärt. Infolgedessen begegnet seine Einordnung in das System auch großen Schwierigkeiten. Die komplizierten Zusammenhänge werden uns am besten klar werden, wenn wir die Entstehung der Namen geschichtlich verfolgen.

Die Gattung *Rhizoctonia* ist 1815 von DE CANDOLLE aufgestellt worden. Der Name ist zurückzuführen auf das griechische $\acute{\varrho}\iota\zeta\alpha$ = Wurzel und $\varkappa\tau\varepsilon\acute{\iota}\nu\omega$ (Perf. 2. $\acute{\varepsilon}\varkappa\tau\sigma\nu\alpha$) = töten. DE CANDOLLE hat ihn nach dem charakteristischen, durch den Pilz hervorgerufenen Krankheitsbild gewählt. Er erwähnt zwei Arten dieser Gattung, *R. crocorum* DC. und *R. medicaginis* DC. Zu diesen sind im Laufe der Jahre eine größere Reihe weiterer getreten. *R. medicaginis* und *crocorum* werden 1853 von TULASNE als synonym angesehen und wegen der eigentümlichen Myzelfarbe als *R. violacea* zusammengefaßt. 1858 entdeckt JULIUS KÜHN seine *R. solani*.

30 Jahre später berichtet EIDAM (1887) über das Auftreten einer Krankheit an jungen Rübenwurzeln und -keimlingen sowie an ausgewachsenen Rüben und gibt an, daß die gleiche Krankheit bereits von F. COHN beschrieben und von KÜHN 1859 auf *R. betae* zurückgeführt sei. KÜHN hat aber in seinem Werk „Krankheiten der Kulturgewächse", auf das sich EIDAM ausdrücklich bezieht, nur zwei Rübenkrankheiten beschrieben, eine nicht parasitäre als reine Zellenfäule bezeichnete und eine durch *R. medicaginis* DC. hervorgerufene, die die gleichen Krankheitserscheinungen bei der Möhre verursacht. KÜHN erwähnt weiter, daß er Material von solchen *Rhizoctonia*-kranken Rüben an COHN (1853) gesandt habe. Auf den Bericht dieses letzteren bezieht sich EIDAM. Demnach steht es außer Zweifel, daß er mit dem von ihm eingeführten Namen *R. betae* nicht *R. solani*, wie spätere Autoren vermuten, gemeint hat, sondern *R. medicaginis*. Eine andere Frage ist, welchen von beiden Organismen er wirklich vor sich gehabt hat. Das von EIDAM beschriebene Krankheitsbild ähnelt sehr später beobachteten und auf *R. solani* zurückgeführten Symptomen.

Der Name *R. betae* K. hat sich vereinzelt noch weiterhin in der Literatur erhalten. COMES benutzt ihn 1891 und führt daneben *R. dauci* KÜHN auf. Im letzteren Fall handelt es sich vermutlich wiederum um *R. medicaginis*, da ja KÜHN bereits eine durch diesen Parasiten verursachte Möhrenkrankheit beschrieben hat. Die Umbenennung ist sicherlich durch COMES nach der Wirtspflanze vorgenommen worden. Weiter berichten PAMMEL (1891) und DUGGAR (1899) über eine Krankheit der Zuckerrübe, als deren Erreger sie in Anlehnung an EIDAM *R. betae* K.

nennen. Die Krankheitssymptome stimmen nahezu überein. DUGGAR glaubt daher, daß es dieselbe Krankheit sei, wohingegen es unwahrscheinlich sei, daß die amerikanische Form identisch mit der europäischen — gemeint ist *R. medicaginis* — sei. Später weist er dann ausdrücklich darauf hin, daß der von ihm 1899 gefundene Erreger als *R. solani* anzusehen sei.

Weiter hat DUGGAR aber auch durch Infektionsversuche mit Reinkulturen dieses Pilzes das sogenannte ,,damping off" bei Sämlingen von Rüben, Salat und Rettich hervorrufen können. Vergleichende Beobachtungen der morphologischen Merkmale lassen ihn vermuten, daß der von ihm gefundene Erreger identisch ist mit dem erstmalig von ATKINSON (1892, 1895) isolierten ,,sterilen Pilz", den dieser zunächst als Ursache des ,,sore-shin" bei Baumwollsämlingen und späterhin des mit diesem identischen allgemein bekannten damping off von Sämlingen verschiedenster Spezies isoliert hat, das freilich auch durch andere Parasiten verursacht werden kann. Andererseits scheinen aber wenigstens Rassenunterschiede zu bestehen, die nicht die leichte Übertragung des Pilzes von der Rübe auf andere Sämlinge oder umgekehrt in nur einer einzigen Generation zulassen.

Die Frage nach der Identität der verschiedenen *Rhizoctonia*-Spezies erfährt eine ganz neue Beleuchtung durch SACCARDO. Er führt 1899 insgesamt elf verschiedene Spezies auf. Eine von diesen ist *R. violacea* TUL. Mit dieser sollen identisch sein *R. crocorum*, *R. medicaginis* und *R. solani*, trotzdem KÜHN auf die Verschiedenheiten von *R. medicaginis* und *R. solani* nachdrücklichst hingewiesen hat. Diese Anschauung, für die SACCARDO keinerlei Begründung angibt, wird 1906 durch GÜSSOW gestützt. Er hat Kartoffeln, die nach Luzerne standen, von *Rhizoctonia* befallen gefunden, die angeblich keinerlei morphologische Unterschiede gegenüber *R. violacea* hat erkennen lassen, und glaubt sich deshalb zu der Annahme berechtigt, daß es sich um diesen letzteren Parasiten gehandelt habe und daß *R. solani* K. zu streichen und als zu *R. violacea* TUL. gehörig anzusehen sei. Der gegenteilige Standpunkt wird von STEWART (1910) und von EDSON (1915) vertreten. Letzterer hat die Sämlingskrankheiten von Zuckerrüben eingehend studiert. Er hat *R. violacea* in Europa auf lebendem und konserviertem Material von Rüben, Möhren, Kartoffeln, Luzerne gesehen. Von diesem sei die amerikanische Rüben-*Rhizoctonia* deutlich verschieden; sie scheine dagegen identisch mit *R. solani* zu sein. Wenn man *R. violacea* und *R. solani* auf derselben Wirtspflanze studiere, dann unterschieden sie sich in dem hervorgerufenen Krankheitsbild, in ihrer Erscheinung auf der Wirtspflanze und in der histologischen Beziehung von Parasit und Wirt so stark, daß eine Verwechslung unmöglich sei. Dazu träten dann noch weitgehende Unterschiede in ihrem Verhalten in der Kultur.

Diese Anschauung kann heute als gesichert angesehen werden. Sie ist am eingehendsten 1915 durch DUGGAR begründet worden. In einer die Beziehungen der beiden Hauptvertreter der Gattung *Rhizoctonia* behandelnden Arbeit kommt er zu folgendem Schluß: Der von den Gebrüdern TULASNE 1853 für *R. crocorum* DC. und *R. medicaginis* DC. eingeführte Name *R. violacea* charakterisiert das Erscheinungsbild des Parasiten zwar zutreffender, aus Prioritätsgründen ist aber der Name *R. crocorum* aufrechtzuerhalten. Von diesem Parasiten streng zu trennen ist *Rhizoctonia solani* KÜHN, der sich durch sein Myzel, seine Sklerotien und die durch ihn hervorgerufenen Krankheitserscheinungen leicht unterscheiden läßt. Die im Syllabus von ENGLER-GILG 1924 gegebene Darstellung muß demnach unbedingt als falsch bezeichnet werden. Sie führen als Vertreter der *Rhizoctonia*-Gattung *R. violacea* und *R. crocorum* an; ersterer soll sowohl der Wurzeltöter von Klee, Luzerne, Mohrrübe, als auch der Erreger des Kartoffelgrindes sein, letzterer den Safrantod hervorrufen. Es ist heute einwandfrei bewiesen, daß *Rhizoctonia solani* KÜHN eine eigene Spezies ist. Als synonym mit ihr bezeichnet DUGGAR *R. betae* EIDAM (non KÜHN), *R. Napaeae* WEST und *R. rapae* WEST. Im nächsten Jahr kommt er in einer kleineren Arbeit auf Grund der verschiedenen Literaturangaben über einige morphologische und physiologische Eigenheiten des sogenannten Vermehrungspilzes *Moniliopsis Aderholdi* zu dem Ergebnis, daß auch dieser mit *R. solani* identisch sei. Diese Frage ist späterhin wiederholt aufgeworfen worden. Im gleichen Sinne wie DUGGAR sprechen sich COSTANTIN (1924) und vor allem THOMAS (1925) aus. Nach eingehenden vergleichenden Untersuchungen einer größeren Anzahl von *Rhizoctonia*-Herkünften stellt letzterer fest, daß die morphologischen und physiologischen Unterschiede zwischen *M. Aderholdi* und *R. solani* nicht größer seien als die zwischen den verschiedenen Stämmen von *R. solani* und auf keinen Fall die Zuteilung der beiden Pilze zu zwei verschiedenen Gattungen rechtfertigten. Die gegenteilige Anschauung wird von K. O. MÜLLER (1923), WELLENSIEK (1924, 1925) und VAN POETEREN (1928) vertreten.

Im Gegensatz zu diesem Bestreben, die wachsende Zahl von Speziesnamen innerhalb der Gattung *Rhizoctonia* durch Kennzeichnung von vermutlich synonymen zu reduzieren, steht das Bemühen um Abgrenzung der bestehenden Spezies und die Aufstellung neuer Spezies, wie es vor allem seinen Ausdruck in den Arbeiten von MATZ findet (1917, 1921), der nicht weniger als sieben neue Spezies lediglich auf Grund von Verschiedenheiten im Myzel und in der Sklerotienbildung aufstellt. Demgegenüber erscheint es uns aber doch angebracht, daran zu erinnern, daß die Gattung *Rhizoctonia* zu der großen Gruppe der *Fungi imperfecti* gehört und nur eine Formgattung im Sinne SCHROETERS darstellt. Die Streitfrage, ob wir es wirklich mit verschiedenen Spezies zu tun haben, ist daher im Grunde so lange müßig, wie wir die zugehörigen Fruchtformen nicht kennen. Nun ist freilich zuzugeben, daß es zweifelhaft erscheint, ob uns die Erreichung dieses Zieles in allen Fällen gelingen wird. Hat doch GÄUMANN (1928) in neuester Zeit darauf hingewiesen, daß möglicherweise ein Teil der Imperfekten funktionslos gewordene männliche Rassen sind. Andererseits muß aber vorerst doch die von WOLLENWEBER 1913 aufgestellte Forderung als berechtigt anerkannt werden, daß die systematische Zuweisung auf Grund der Kenntnis nicht einzelner Glieder in der Entwicklungskette einer Art, sondern nur des geschlossenen Entwicklungskreises zu erfolgen hat. Diese Forderung ist für *R. solani* erfüllt, nicht dagegen für die Mehrzahl der anderen als Spezies betrachteten *Rhizoctonia*-Formen. Welche Beziehungen diese zu *R. solani* haben, ist vorerst, wie STEVENS 1913 betont, problematisch. Für einzelne ist es inzwischen geglückt, die höhere Fruchtform aufzudecken und damit ihren Speziescharakter nachzuweisen. Ob es sich bei den anderen ebenfalls um eigene Spezies handelt, oder ob sie etwa nur als Rassen oder noch begrenztere Formenkreise aufzufassen sind, muß weitere Forschungsarbeit klären.

Durch die Entdeckung der höheren Fruchtform durch ROLFS (1903) ist einwandfrei erwiesen, daß *R. solani* ein Basidiomycet ist. Welche Stellung dem Pilz aber innerhalb der Klasse der Basidiomyceten einzuräumen ist, bildet noch heute einen Streitpunkt. Das von ROLFS gefundene Hymenium stimmt mit den Fruchtlagern von *Corticium vagum* BERK. et CURTIS überein. Wegen der abweichenden Sporenmaße und der parasitischen Lebensweise hat er es aber für ratsam gehalten, eine Abart dieses Pilzes aufzustellen, die von BURT mit dem Namen *Corticium vagum* B. et C. var. *solani* belegt ist. ROLFS gibt weiter an, daß diese Form nahe übereinstimmt mit *Hypochnus solani* PRILL. et DEL. und sich möglicherweise als identisch mit ihr erweisen würde. Der letztere Name ist 1891 von PRILLIEUX und DELACROIX einem Pilz gegeben worden, den sie an dem unteren Stengelteil von Kartoffeln in Grignon entdeckten, während *Corticium vagum* bereits 1873 gefunden worden ist.

In einer Besprechung der ROLFSschen Arbeit erscheint LAUBERT (1906) die Identität der amerikanischen Fruchtform mit *Hypochnus solani* ebenfalls wahrscheinlich. Der Pilz dürfe aber nach der neueren Nomenklatur, wie sie in ENGLER-PRANTL (1900) zugrunde gelegt sei, nicht als *Corticium* bezeichnet werden. Damit tauchen zum erstenmal Zweifel hinsichtlich der Gattungszugehörigkeit des ROLFSschen Pilzes auf.

Zunächst ist die Frage nach der Identität der amerikanischen und der europäischen Fruchtform zu erörtern. Auf Grund zahlreicher Literaturangaben, wie wir sie im einzelnen später noch kennenlernen werden, kann sie als in positivem Sinne entschieden angesehen werden. 1925 ist es ferner BRITON-JONES geglückt, den „sterilen Pilz" ATKINSONS, den dieser als einen der Erreger der „sore-shin"- oder „damping off"-Krankheit isoliert hat und der späterhin vor allem durch Balls (1905—1908) eingehend untersucht worden ist, im Freilandversuch zur Fruktifikation zu bringen und zu zeigen, daß vermutlich auch diese Fruchtform identisch ist mit der von *R. solani*.

Um die Frage nach der systematischen Stellung von *R. solani* K. beantworten zu können, müssen wir uns kurz mit den im Laufe der Jahre aufgestellten Systemen befassen.

Die zu der Familie der Telephoraceen gehörige Gattung *Corticium* hat Persoon 1796 aufgestellt; jedoch bezeichnet er alle Spezies dieser Gattung als *Telephora*. Der Gattungsname *Hypochnus* geht auf Fries 1822 zurück, der ihm eine Familie Hypochni überordnet. Die Namen sind auf das lateinische cortex = Rinde bzw. auf das griechische $\dot{v}\pi\dot{o}$ und $\chi v \acute{o}o\varsigma$ (unten Kruste) zurückzuführen. Die Gattung *Corticium* führt Fries 1822 überhaupt noch nicht auf, sondern setzt sie *Telephora* gleich. Später räumt er ihr eine eigene Stellung ein. 1851 behauptet Bonorden, daß es in Deutschland viele *Hypochnus*-Arten gäbe, welche zum Teil als Telephoreen beschrieben seien. Auch die ohne Zweifel gemischte Gattung *Corticium* Fr. enthalte solche. Bonorden teilt sie fast ganz auf in *Telephora*- und *Hypochnus*-Arten. 1874 hat Fries die Familie der Telephoraceen in sechs Gattungen aufgeteilt, von denen je eine von *Telephora* und *Corticium* gebildet wird. *Hypochnus* nimmt nunmehr die Stellung eines Subgenus von letzterem ein, das 75 Arten umfaßt. Karsten und Saccardo führen 1876 bzw. 1888 *Corticium* und *Hypochnus* als Gattungen der Familie der Telephoraceen auf.

1889 stellt Schroeter zum erstenmal der Familie der Telephoraceen, zu der u. a. die Gattung *Corticium* gehört, die der Hypochnaceen gegenüber, mit den Gattungen *Hypochnus, Tomentella, Hypochnella*.

Schroeter gibt an, daß sich die Hypochnaceen eng an die Telephoraceen anschließen. In der lockeren Verflechtung der Hyphen bildeten sie gewissermaßen den Schlüssel zu der Morphologie der Hymenomyceten. Die Fruchtkörper der ersteren Familie seien meist schimmel- oder spinnwebartig, seltener dünnfleischig, die der letzteren meist häutig oder lederartig, bei einzelnen der flachen Formen auch fleischig. Bei manchen der dünnfleischigen Arten könne man zweifelhaft sein, ob sie nicht besser zu *Corticium* zu stellen seien.

An die Einteilung Schroeters lehnt sich die von Hennings in Engler-Prantls Natürlichen Pflanzenfamilien (1900) gegebene eng an. Der Unterschied zwischen den beiden Familien beruht lediglich auf der flockigen Beschaffenheit der Fruchtkörper. 1906 weisen H. u. P. Sydow darauf hin, daß nach v. Höhnel die Gattung *Hypochnus* nicht aufrechtzuerhalten sei. *Hypochnus* im Sinne Schroeters gehöre zu *Corticium*, im Sinne Karstens zu *Tomentella*. Diese Feststellung dürfte Lindau (Sorauer 1923) veranlaßt haben, *Hypochnus solani* als *Tomentella solani* zu bezeichnen, während Bourdot u. Galzin (1911) den Namen des von

PRILLIEUX und DELACROIX gefundenen Pilzes in *Corticium solani* PRILL.
et DEL. ändern.

Sehr eingehend hat sich in neuerer Zeit BURT (1914—1926) mit der
Systematik der Telephoraceen beschäftigt.

Er weist einleitend darauf hin, daß diese Familie der Hymenomyceten hinsichtlich der Einordnung in das System besonders schwierige Probleme stellt.
Für praktische Zwecke kommt es darauf an, genau die Grenzen der einzelnen
Gattungen zu kennen. Hinsichtlich der von SACCARDO und HENNINGS gegebenen Unterscheidungsmerkmale der Gattungen *Hypochnus* und *Corticium*
fragt BURT, wie lose und offen die Struktur des Fruchtkörpers sein müsse, um
den fraglichen Pilz zu der ersten oder zu der zweiten zu stellen. Er hat deshalb
die Beschaffenheit des Fruchtkörpers als Einteilungsprinzip fallen lassen und
gründet die Trennung der beiden Gattungen *Corticium* und *Hypochnus* auf die
Ausbildung der Basidiosporen. *Hypochnus* umfaßt Arten, deren Sporen mehr
oder weniger deutlich gefärbt und rauhwandig bis stachlig sind, während zu
Corticium fast nur solche mit farblosen glattwandigen Sporen gehören. Beide
Gattungen umschließen daher Arten sowohl mit kompaktem als auch mit hypo-
chnoidem, d. h. flockigem, Fruchtkörper. Im einzelnen ergeben sich freilich auch
hier Widersprüche.

NeueVerwirrung in die Systematik der Hymenomyceten haben ENG-
LER u. GILG (1924) in der neuesten Auflage ihres Syllabus getragen. Hier
ist die Familie der Hypochnaceen aufgegeben und statt ihrer den Telephoraceen die Familie der Corticiaceen gegenübergestellt worden. Als
Kennzeichen sind dagegen die für die beiden alten Familien angegebenen
beibehalten worden, so daß *Corticium* nach der alten Systematik häutige
oder lederartige, nach der neuen dagegen spinnwebartige, lockere Fruchtkörper hat.

Diese Einteilung hat freilich 2 Jahre später durch GÄUMANN (1926)
auf ganz veränderter Grundlage nachdrückliche Stützung erfahren.

Sein System beruht nicht in erster Linie auf dem Bau der Fruchtkörper,
sondern auf dem Bau und der Entwicklungsgeschichte der Basidien. Beide
Familien, Telephoraceen wie Corticiaceen, gehören zu den Autobasidiomyceten,
erstere jedoch zu dem stichobasidialen, letztere dagegen zu dem chiastobasidialen
Typ. Diese Unterscheidung beruht vornehmlich auf der Basidienform und auf
der Lage und der Stellung der Kernspindel. Innerhalb der Corticiaceen werden
dann noch drei Entwicklungsstufen gebildet, deren systematische Gliederung
aber, wie GÄUMANN selbst zugibt, mangels prägnanter Merkmale teilweise zur
Unmöglichkeit wird. „Sie ist daher auf allerhand künstliche Merkmale auf-
gebaut, eine Systematik, die nur einen Notbehelf darstellt und daher auch von
beinahe jedem Autor anders gehandhabt wird."

GÄUMANN weist selbst darauf hin, daß jede Systematik durch die
Verwendung von vorwiegend zytologischen Merkmalen etwas Unfertiges
bekommt. „Das derzeitige System der Basidiomyceten stellt daher nicht
einen Abschluß, sondern eher eine Problemstellung dar."

Diese Anschauung von dem gegenwärtigen Stand der Systematik der
Basidiomyceten macht es ohne weiteres verständlich, daß eine endgültige und restlos befriedigende Eingliederung von *Rhizoctonia solani* K.

vorerst nicht möglich ist. Die Frage nach der systematischen Stellung dieses Basidiomyceten ist je nach dem System, zu dem sich der betreffende Autor bekennt, verschieden beantwortet worden. 1909 weist Duggar darauf hin, daß es nach dem Fruchtlager schwierig zu sagen sei, ob der Pilz als zum Genus *Corticium* gehörig oder nicht mit gleichem Recht als Spezies von *Hypochnus* zu betrachten sei. Burt hat ihn als *Corticium vagum* bestimmt. Die Kennzeichnung als besondere Varietät (var. *solani*) hat er später aufgegeben, da er die Unterschiede für nicht gravierend genug gehalten hat. Dieser Name hat auch als einziger Eingang in die amerikanische Literatur gefunden. Als Synonyme bezeichnet Burt neben *Hypochnus* bzw. *Corticium solani* Prill. et Del. auch *Corticium botryosum* Bresadola, eine Auffassung, der sich 1928 (Lindau u. Ulbrich) auch Ulbrich angeschlossen hat. Vergleicht man dazu aber die näheren Erläuterungen des letzteren Autors zu *Corticium botryosum*, so wirkt diese Kombination befremdend, da weder Größenmaße noch Spindelform noch Sporenzahl mit den gewöhnlich für *Corticium vagum* gemachten Angaben übereinstimmen. Von der Mehrzahl der europäischen und teilweise auch außereuropäischen Forscher wird der Parasit dagegen als *Hypochnus solani* bezeichnet. So sieht Eriksson (1926) die Zusammenstellung von *Rhizoctonia solani* mit *Corticium* als sehr problematisch an, da dieser Koniferenpilz, wie er merkwürdigerweise angibt, nie in Europa beobachtet sei. Zu dieser Auffassung neigt auch, freilich aus anderem Grunde, Wollenweber (1922). Er hat gefunden, daß die von ihm ermittelte Hemmungszahl für viele chemische Verbindungen gegenüber *Rhizoctonia solani* viel höher liegt als gegenüber den echten Holzpilzen aus der Familie der Telephoraceen. Das deutet nach ihm auf keine Zusammengehörigkeit mit der von Engler-Prantl zu den Telephoraceen gestellten Gattung *Corticium* hin. Angehörige dieser letzteren sind aber von Wollenweber bisher nicht untersucht worden, so daß seiner Kombination nach der neuesten Systematik die Grundlage entzogen wird. Außerdem hat er aber auch von vornherein betont, daß man aus diesem Gegensatz, so auffällig er auch sei, nicht etwa den Schluß ziehen könne, daß *R. solani* kein Holzpilz sei. Vielleicht fänden sich auch unter Holzpilzen solche mit abweichenderen Hemmungszahlen als den bisher ermittelten.

Schließlich sei hier der Vollständigkeit halber noch eine Kombination erwähnt, die jedoch zweifellos als irrig anzusehen ist. Shaw (1913, 1915) vermutet, daß *R. violacea* Tul. das vegetative Stadium von *Corticium vagum* sei, während die höhere Fruchtform von *R. solani* überhaupt noch nicht bekannt sei. Diese Anschauung ist von Duggar (1915) eingehend widerlegt worden. Es genügt aber schon ein Blick auf die von Shaw gegebene Abbildung des Sklerotienstadiums von *R. solani* in Reinkultur (1915, Pl. VI), um sofort zu erkennen, daß der Autor unter diesem Namen einen anderen Parasiten beschrieben hat. Darüber hinaus muß es als außerordentlich gewagt angesehen werden, Verschiedenheiten in der Sklerotiengröße und -form zur Grundlage der Speziesunterscheidung zu machen.

Daß das von Prillieux u. Delacroix 1891 und von Rolfs 1903 gefundene Basidienlager die höhere Fruchtform von *R. solani* ist, steht heute außer Zweifel (Laubert 1906, Riehm 1911, Pethybridge 1915, Müller 1923). Die systematische Stellung innerhalb der Klasse der Basidiomyceten kann dagegen, da ihre Systematik nicht als abgeschlossen angesehen werden kann (Gäumann 1926), nicht endgültig festgelegt werden. Der von Wollenweber 1920 eingenommene Standpunkt, daß wir einstweilen den Namen *Rhizoctonia solani* aus praktischen Gründen noch nicht entbehren können, besteht daher auch heute noch zu Recht.

IV. Geographische Verbreitung des Erregers und des schädlichen Auftretens. Wirtspflanzen.

Bei dem Versuch, auf Grund der vorhandenen Literaturangaben einen Überblick über die geographische Verbreitung von *Rhizoctonia solani* und eine Zusammenstellung aller derjenigen Pflanzen zu geben, auf denen der Pilz bisher gefunden worden ist, begegnet man gewissen Schwierigkeiten. Zunächst einmal ist die Bennenung des Parasiten häufig nur unvollständig, indem der Autor sich lediglich auf die Angabe der Gattung beschränkt, die Speziesbezeichnung aber fortläßt. Dies kann mehr oder weniger zufällig geschehen sein, wie z. B. bei der Veröffentlichung von Duggar u. Stewart (1901), die aber, wie später (1915) ausdrücklich betont worden ist, *R. solani* behandelt. Vielfach ist sich aber der Autor auch nicht klar darüber gewesen, welche *Rhizoctonia* er vor sich gehabt hat, und hat aus diesem Grunde die genauere Bezeichnung absichtlich fortgelassen. Es bleibt dann nur der Versuch, aus der Beschreibung des Krankheitsbildes und des Parasiten Schlußfolgerungen abzuleiten, die naturgemäß auf sehr unsicherer Grundlage beruhen. Ungleich schwieriger liegen die Dinge aber häufig gerade dann, wenn die beobachtete *Rhizoctonia* mit einem Speziesnamen belegt worden ist, sei es, daß sie als *R. solani* bezeichnet ist oder auch als eine andere Spezies. Die einwandfreie Entscheidung, um welche *Rhizoctonia* es sich handelt, gestaltet sich, wie wir oben bereits angedeutet haben, häufig sehr schwierig. Ohne Beobachtung der zugehörigen Fruchtform wird sich vielfach nicht mit Sicherheit sagen lassen, ob wirklich *R. solani* vorgelegen hat, es sei denn, daß ganz besonders charakteristische Krankheitssymptome in Vergesellschaftung mit dem Parasiten auftreten, wie es z. B. für die Kartoffel zutrifft. Andererseits ist es sehr wohl möglich, daß hinter anderen Speziesnamen, von denen Fruchtformen bisher nicht bekannt sind, sich in Wirklichkeit *R. solani* verbirgt, innerhalb der wir vielleicht nur weitere Formeinheiten zu unterscheiden haben.

Nach der Entdeckung des Pilzes um die Mitte des vorigen Jahrhunderts hört man längere Zeit nichts von ihm, bis er schlagartig in den 90er Jahren aus den verschiedensten Gegenden gleichzeitig gemeldet wird. 1897 schreibt Frank, daß *R. solani* in Deutschland ein überaus verbreiteter Pilz sei; es dürfte kaum ein Kartoffelfeld geben, auf dessen Kartoffeln nicht kleine Spuren seiner Sklerotien vorkämen. Um die gleiche Zeit wird er in Frankreich, wo Prillieux u. Delacroix 1891 die höhere Fruchtform gefunden hatten, durch Roze (1896, 1897) in seiner vegetativen bzw. Sklerotienform beobachtet. In Dänemark meldet Rostrup sein Auftreten erstmalig 1895; 4 Jahre später bemerkt er das Hymenium. Letzteres wird in Belgien 1901 von Marchal gefunden. Aus den übrigen europäischen Ländern liegen, soweit ich in der Literatur habe feststellen können, nur verhältnismäßig spät erst einwandfreie Nachrichten vor. 1909 taucht *Hypochnus solani* in England in der Nachbarschaft von Birkenhead auf (London Journ. Board Agr.), 1910 wird er von Pethybridge in Irland gefunden. 1912 berichtet Eriksson über verheerendes Auftreten in Schweden (Smaland). 1914 schreibt Westerdijk, daß in Holland *Rhizoctonia solani* als Kartoffelschädling viel mehr Bedeutung zukomme, als man bisher angenommen habe. 1920 (Ramirez) und vor allem 1924 (Peyronel) erscheinen in Italien Mitteilungen über den Pilz, ebenso 1920 in Rußland (Utkin) und 1922 in Norwegen (Jørstad).

Von den außereuropäischen Erdteilen liegen bei weitem die zahlreichsten Nachrichten aus Nordamerika vor. Hier ist der Pilz anscheinend erstmalig 1890 in Jowa beobachtet worden, ohne daß eine Mitteilung davon in die Öffentlichkeit gedrungen ist (Duggar u. Stewart 1901). 1902 bereits glaubt Rolfs, daß wahrscheinlich jeder Staat in der Union mehr oder weniger Schädigungen seiner Kartoffelernte durch diesen Pilz erleide. Und in der Tat laufen in der Folgezeit fast ausnahmslos aus sämtlichen Staaten Meldungen über sein Auftreten ein. In Kanada ist er durch Güssow, in British-Columbia durch Eastham beobachtet worden (Peltier 1916), während Carpenter 1920 black scurf und rosette der Kartoffel infolge Befalls durch *R. solani* auf Hawaii meldet. Daß der Pilz auch in Mittelamerika heimisch ist, machen Mitteilungen von Cook u. Horne (1905) über Saatbeetkrankheiten von Tabak durch *Rhizoctonia* auf Kuba, von Ashby (1918, 1924), der angibt, auf Jamaika *R. solani* bzw. *Corticium vagum solani* auf *Dioscorea* und *Musa* gefunden zu haben, und von Bourne (1922) über Wurzelfäule von Zuckerrohr durch *R. solani* auf Barbados wahrscheinlich. In

Südamerika ist er in Argentinien durch GIROLA (1921) festgestellt worden.

In Afrika berichtet BALLS 1905 erstmalig über den Erreger der soreshin-Krankheit der Baumwolle in Ägypten, der nach den späteren Untersuchungen von BRITON-JONES (1925) als identisch mit *Rhizoctonia solani* anzusehen sein soll. In Südafrika ist er nach DOIDGE (1918) ein bekannter Kartoffelparasit und von POLE EVANS (1925) als Erreger von Wurzelfäule bei Zuckerrüben beobachtet worden. In Kenya ist er nach Angaben von McDONALD (1928) auf Kaffee gefunden worden, während DEIGHTON (1926) mitteilt, daß er ihn in Sierra Leone isoliert hat.

In Asien berichtet SHAW (1913) als erster über sein Auftreten auf *Arachis hypogaea* in Indien, während ihn VAN HALL (1926) als black scurf der Kartoffel auf Sumatra und BERTUS 1927 an *Arachis* auf Ceylon gefunden hat.

In Australien endlich ist der Pilz erstmalig 1903 durch McALPINE (1912) auf Kartoffeln in Victoria festgestellt worden. 1908 macht ihn KIRK (McALPINE 1912) für den Rückgang der Kartoffelerträge auf New Zealand verantwortlich, während McALPINE 1912 mitteilt, daß die Krankheit aus allen sechs Staaten des Kontinents gemeldet sei.

Wir haben also in *Rhizoctonia solani* einen außerordentlich weit verbreiteten Parasiten vor uns, und die 1913 geäußerte Vermutung von COOK, an dem Vorhandensein der *Rhizoctonia*-Krankheit der Kartoffel in den Tropen sei nicht zu zweifeln, obwohl er bisher keinen Bericht über ihr Auftreten habe finden können, hat sich voll bestätigt. Dabei dürfen wir nicht vergessen, daß die oben aufgeführten Meldungen trotz aller Bemühungen nicht als unbedingt lückenlos angesehen werden dürfen, und daß ferner fast ausschließlich die Vorkommen auf der Kartoffel Berücksichtigung gefunden haben, da man bei dieser Wirtspflanze die sicherste Gewähr hat, daß es sich wirklich um *R. solani* handelt. Auf ihr ist der Pilz, wie DUGGAR (1915) sagt, „world-wide in its distribution". Aber wenn er auch seine Verbreitung vielleicht in erster Linie seinem Parasitismus auf der Kartoffel verdankt, so dürfte ihm doch hierbei auch neben der Möglichkeit der saprophytischen Lebensweise seine Fähigkeit zustatten gekommen sein, auf einer außergewöhnlich großen Zahl weiterer Wirtspflanzen zu parasitieren. Eine Zusammenstellung der bisher beobachteten gibt die folgende Tabelle. Ob freilich in jedem Fall wirklich *Rhizoctonia solani* vorgelegen hat, mag im Hinblick auf die oben geschilderten Schwierigkeiten dahingestellt bleiben.

Tabelle 2. Die bis jetzt beobachteten für *Rhizoctonia solani* anfälligen Wirtspflanzen.

Abutilon hybridum var. *Savitzii*	PELTIER 1914
Acacia decurrens	GADD u. BERTUS 1928
Acalypha Wilkesiana var. *bicolor* . . .	PELTIER 1914

Acalypha Wilkesiana var. *tricolor* . . .	PELTIER 1914
„ „ „ *marginata* . .	„ 1914
Achillea millefolium	„ 1914
Actinidia polygama	STEWART 1910
Ageratum conycoides	SEYMOUR 1929
„ *mexicanum*	PELTIER 1914
Agrostis canina	PIPER u. COE 1919
„ *palustris*	„ „ „ 1919
„ *stolonifera*	„ „ „ 1919
„ *tenuis*	„ „ „ 1919
Albizzia moluccana	GADD u. BERTUS 1926
Allium sp.	ROLFS 1902, HEALD 1920
Alyssum odoratum	PELTIER 1914
Amaranthus albus	DUGGAR u. STEWART 1901
„ *caudatus*	PELTIER 1914
„ *retroflexus*	DUGGAR u. STEWART 1901, ROLFS 1905
„ *salicifolius*	PELTIER 1914
„ *spinosus*	ROLFS 1905
Ambrosia psilostachya	HARTLEY u. BRUNER 1915
Antirrhinum sp.	DUGGAR u. STEWART 1901
„ *majus*	PELTIER 1913
Apium graveolens	DUGGAR u. STEWART 1901, ROLFS 1905
Aquilegia sp.	PELTIER 1914
Asclepias sp.	STAKMAN 1914 (PELTIER 1916)
Asparagus sprengeri	DUGGAR u. STEWART 1901
Aster sp.	SEYMOUR 1929
Arachis hypogaea	„ 1929
Aucuba sp.	STEVENS u. WILSON 1911
Artemisia tridentata	SEYMOUR 1929
Avena sp.	RAYLLO 1927
Bartonia aurea	PELTIER 1914
Begonia sp.	DUGGAR u. STEWART 1901, STEVENS u. WILSON 1911
Berberis sp.	STEVENS u. WILSON 1911
Beta vulgaris (Runkelrübe)	PELTIER 1913, GRAMu. ROSTRUP 1923
„ „ (Zuckerrübe)	PAMMEL 1891, DUGGAR 1899, EDSON 1915
Brassica arvensis	STAKMAN 1914 (PELTIER 1916)
„ *campestris*	LAURITZEN 1929
„ *juncea*	GADD u. BERTUS 1926
„ *oleracea* (KOHL)	ATKINSON 1895, DUGGAR u. STEWART 1901, GRATZ 1925
„ „ (Blumenkohl)	DUGGAR u. STEWART 1901
„ *rapa* (Turnips)	ROLFS 1902, LAURITZEN 1929
Calapogonium mucogonoides	GADD u. BERTUS 1926
Calendula officinalis	SEYMOUR 1929
„ *Pongei*	PELTIER 1914
Callistephus chinensis	SEYMOUR 1929
„ *Mortensis*	DUGGAR u. STEWART 1901, PELTIER 1919

Campanula sp. . . . . PELTIER 1914
„ *persica* . . . . JENSEN 1914 (PELTIER 1916)
Cannabis sp. . . . . RAYLLO 1927
Capsicum sp. . . . . EDGERTON 1914 (PELTIER 1916)
„ *amnium* . . . . RAMOS 1926
Cassia hirsuta . . . . GADD u. BERTUS 1926
Celosia Huttoni var. *Thompsoni magnifica* PELTIER 1914
Centaurea gymnocarpa . . . . „ 1914
Chenopodium album . . . . DUGGAR u. STEWART 1901, PELTIER
1913
„ *leptophyllum* . . . . . . HARTLEY u. BRUNER 1915
Centrosema pubescens . . . . GANDRUPP 1925, GADD u. BERTUS 1926
Cerastium vulgatum . . . . PIPER u. COE 1919
Chamaecyparis thyoides . . . . SEYMOUR 1929
Chrysanthemum graveolens . . . . . . „ 1929
„ *morifolium* . . . . . . „ 1929
„ *Mortorum* . . . . . . PELTIER 1914
Cichorium Endivia . . . . SEYMOUR 1929
Cineraria sp. . . . . PELTIER 1914
Cirsium sp. . . . . 1911 (PELTIER 1916)
Citrullus vulgaris . . . . ROLFS 1905
Citrus sp. . . . . SMITH 1907
Clitoria cajanifolia . . . . GADD u. BERTUS 1926
Coffea sp. . . . . McDONALD 1924, 1928
Coleus sp. . . . . DUGGAR u. STEWART 1901, PELTIER
1913
Convolvulus arvensis . . . . STAKMAN 1914 (PELTIER 1916)
Corchorus capsularis . . . . SHAW 1912, McRAE 1924
Coreopsis lanceolata . . . . DUGGAR u. STEWART 1901
Crataegus sp. . . . . STEVENS u. WILSON 1911
Crotalaria sp. . . . . ROLFS 1905
„ *incana* . . . . GADD u. BERTUS 1926
„ *verrucosa* . . . . „ „ „ 1926
Cucumis melo . . . . SELBY 1910
„ *sativus* . . . . DUGGAR u. STEWART 1901
Cucurbita maxima . . . . DUGGAR u. STEWART 1901, HEALD u.
WOLF 1911
„ *pepo* . . . . ROLFS 1905
Cuphea platycentra . . . . CLINTON 1904, PELTIER 1914
Cynara Sconymus L. . . . . SEYMOUR 1929
Cyperus rotundus . . . . ROLFS 1905
Daucus carota . . . . DUGGAR u. STEWART 1901, HEALD u.
WOLF 1911
Dianthus barbatus . . . . DUGGAR u. STEWART 1901
Dioscorea sp. . . . . ASHBY 1925
Dolichos lablab . . . . SHAW 1912, GADD u. BERTUS 1926
Elaeagnus sp. . . . . HARTLEY, MERRIL, RHOADS 1918
Equisetum sp. . . . . STAKMAN 1914 (PELTIER 1916)
Eriobotrya japonica . . . . STEVENS u. WILSON 1911
Erysimum pulchellum . . . . PELTIER 1914
Euphorbia pulcherrima . . . . „ 1912
Fagopyrum esculentum . . . . STEVENS u. WILSON 1911

2*

Festuca sp.	SEYMOUR 1929
„ *rubra*	PIPER u. COE 1919
Fragaria sp.	HEALD 1920, COONS 1924, McDONALD 1924
Geum	BEWLEY 1920
Gliricidia maculata	GADD u. BERTUS 1926
Glycine max	NACION 1924
Godetia sp.	PELTIER 1914
Gossypium herbaceum	ATKINSON 1892, BALLS 1905, BRITON-JONES 1925
Gypsophila muralis	PELTIER 1913
„ *repens*	„ 1914
Helianthus sp.	JOHNSON 1914
„ *annuus*	TEMPLE 1914 (PELTIER 1916)
„ *tuberosus*	THOMPSON 1924, RAYLLO 1927
Heterotheca Lamarkii	ROLFS 1905
„ *subaxillaris*	„ 1905
Hevea brasiliensis	SCHWEIZER 1927
Hibiscus sp.	STEVENS u. WILSON 1911
„ *cannabinus*	BALLS 1905
„ *esculentus*	HEALD u. WOLF 1911, RAMOS 1926
Hydrangea	DUGGAR u. STEWART 1901
Iberis sp.	DUGGAR u. STEWART 1901, PELTIER 1914
Impatiens sp.	STEWART 1910
Indigofera arrecta	GADD u. BERTUS 1926
„ *endecaphylla*	„ „ „ 1926
„ *hirsuta*	„ „ „ 1926
„ *sumatrana*	„ „ „ 1926
Ipomoea batatas	ROLFS 1905
Iresine sp.	PELTIER 1914
Kochia trichophylla	„ 1914
Lactuca sativa	ATKINSON 1895, ROLFS 1905
„ *scariola*	STEWART 1910
Lathyrus odoratus	CLINTON 1908, TAUBENHAUS 1914
Lavatera arborea variegata	PELTIER 1913
Lepidium sativum	JOHNSON 1914, HEMMI 1923
Ligustrum sp.	STEVENS u. WILSON 1911
Linaria Cymbalaria	PELTIER 1914
„ *Maroccana*	„ 1914
Linum grandiflorum rubrum	„ 1914
Lobelia erinus	„ 1914
Lobularia maritima	SEYMOUR 1929
Lupinus digitatus	BALLS 1905
„ *luteus*	MÜLLER 1924
Lychnis coeli rosa	PELTIER 1914
Lythrum sp.	„ 1914
Mathiola incana	„ 1914
Medicago sativa	ROLFS 1902, PELTIER 1914
Melilotus alba	LAUBERT 1906
„ „ var. *annua*	GADD u. BERTUS 1926

Musa sp.	MANNS u. ADAMS 1924, ASHBY 1925
„ *paradisiaca*	GADD u. BERTUS 1928
Najas flexilis	BOURN u. JENKINS 1928
Nicotiana sp.	SELBY, CLINTON 1904
„ *tabacum*	SEYMOUR 1929
Olea laurifolia	PHILIPPS 1923
Oncidium grande	SCHENK 1926
Ornithopus sativus	SEYMOUR 1929
Oryza sativa	STAKMAN 1923, RAYLLO 1927
Paeonia sp.	STAKMAN 1913 (PELTIER 1916)
Panax sp.	VAN HOOK 1904, RANKIN 1909
„ *quinquefolium*	WHETZEL u. ROSENBAUM 1912, NAKATA u. TOKIMOTO 1922
Pastinaca sativa	HEALD u. WOLF 1911
Pelargonium zonale	JOHNSON 1914
Petunia sp.	PELTIER 1914
„ *hybrida*	SEYMOUR 1929
Phaseolus lunatus	NACION 1924, GADD u. BERTUS 1926
„ *mungo*	„ 1924, „ „ „ 1926
„ *vulgaris*	ATKINSON 1895, ROLFS 1905
Phlox sp.	DUGGAR u. STEWART 1901
Physalis Francheti	TOLAAS 1913 (PELTIER 1916)
Phytolacca decandra	ROLFS 1905
Picea excelsa	HARTLEY, MERRIL, RHOADS 1918
Pinus austriaca	„ „ „ 1918
„ *banksiana*	RATHBUN 1920
„ *corsica*	HARTLEY, MERRIL, RHOADS 1918.
„ *Engelmannii*	„ „ „ 1918
„ *jacke*	„ „ „ 1918
„ *ponderosa*	„ „ „ 1918
„ *resinosa*	„ „ „ 1918
„ *silvestris*	„ „ „ 1918
„ *strobus*	„ „ „ 1918
Piqueria trinervia	PELTIER 1914
Pisum sativum	PADDOCK 1902, ROLFS 1905
Plantago sp.	BURKHOLDER 1913 (PELTIER 1916)
„ *aristata*	PELTIER 1916
Platycodon sp.	CLINTON 1904
Poa pratensis	PIPER u. COE 1919
„ *trivialis*	„ „ „ 1919
Portulaca sp.	ROLFS 1905
„ *oleracea*	PELTIER 1914
Potamogeton pectinatus	BOURN u. JENKINS 1928
„ *perfoliatus*	„ „ „ 1928
Potentilla sp.	PELTIER 1914
Primula malacoides	„ 1914
„ *obconica grandiflora*	„ 1914
Prunus sp.	DUGGAR u. STEWART 1901, STEVENS u. WILSON 1911
Pseudotsuga taxifolia	HARTLEY, MERRIL, RHOADS 1928
Punica granatum	STEVENS u. WILSON 1911
Pyrethrum sp.	DUGGAR u. STEWART 1901

Radicula armoracia	Burkholder 1903 (Peltier 1916)
Raphanus sativus	Atkinson 1895, Duggar u. Stewart 1901
Reseda odorata	Clinton 1904
Rheum raponticum	Duggar u. Stewart 1901
Richardia Scabra	Rolfs 1905
Ricinus sp.	Melchers 1914 (Peltier 1916)
„ *communis*	Balls 1905, Deighton 1926
Rubus sp.	Duggar u. Stewart 1901, Paddock 1902
Rumex sp,	Burkholder 1913 (Peltier 1916)
„ *acetosella*	Peltier 1914
Ruppia maritima	Bourn u. Jenkins 1928
Saccharum officinarum	Bourne 1922, Edgerton u. a. 1924
Salvia sp.	Selby 1910 (Peltier 1916)
„ *officinalis*	Duggar u. Stewart 1901
„ *splendens*	Peltier 1913
Santolina chamaecyparissus	„ 1914
Schizanthus sp.	„ 1914
Sedum anglicum	„ 1913
„ *spectabile*	„ 1914
Senecio sp.	Seymour 1929
Seradella sp.	Johnson 1914 (Peltier 1916)
Sesamum indicum	Balls 1905, Pearl 1923, Rhind 1924
Sesbania aculeata	Gadd u. Bertus 1926
Setaria glauca	Peltier 1914
Silene Schafta	„ 1914
Solanum carolinense	Pritchard u. Porte 1921
„ *lycopersicum*	Selby 1903, Rolfs 1905
„ *melongena*	Atkinson 1895, Rolfs 1905
„ *tuberosum*	Kühn 1858
„ *verbascifolium*	Rolfs 1905
Spinacea oleracea	Peltier 1916
Stachys lanata	„ 1914
Stellaria graminea	Piper u. Coe 1919
„ *media*	Ferdinandsen 1923
Stizolobium deeringianum	Seymour 1929
Taxus canadensis	Hartley, Merril, Rhoads 1918
„ *cuspidata*	„ „ „ 1918
Telanthera sp.	Peltier 1914
Tephrosia sp.	Leefmanns 1927
„ *candida*	Gadd u. Bertus 1926
„ *hookeriana*	„ „ „ 1926
Thea sp.	Bertus 1927
Tragopogon porrifolius	Seymour 1929
Trifolium alexandrinum	Balls 1905, Mitra 1925, Taslim 1928
„ *hybridum*	Seymour 1929
„ *incarnatum*	„ 1929
„ *pratense*	Rolfs 1902, Stevens u. Wilson 1911
„ *repens*	Seymour 1929
„ *trisetum pratense*	„ 1929

Triticum sp.	RAYLLO 1927
„ *durum*	STAKMAN 1923
Tsuga canadensis	SEYMOUR 1929
„ *Douglasii*	HARTLEY 1918
Vallisneria spirialis	BOURN u. JENKINS 1928
Verbena sp.	DUGGAR u. STEWART 1901
Veronica serpyllifolia	PIPER u. COE 1919
Vicia faba	SEYMOUR 1929
„ *sativa*	PELTIER 1916
„ *villosa*	SEYMOUR 1929
Vigna sinensis	BALLS 1905
„ *oligosperma*	GANDRUP 1925, GADD u. BERTUS 1926
Vinca major	PELTIER 1914
Viola odorata	DUGGAR u. STEWART 1901, PELTIER 1913
„ *tricolor*	PELTIER 1914
Vitis sp.	STEVENS u. WILSON 1911
Zea mays	ROLFS 1905.
Zingiber officinale	DEYHTON 1926.

Es braucht nicht erst betont zu werden, daß die vorstehende Zusammenstellung naturgemäß weder Anspruch auf Vollständigkeit machen noch als abgeschlossen angesehen werden kann. Insgesamt enthält sie etwa 230 Spezies, die sich auf 66 Familien verteilen. Sowohl Gymnospermen als auch Mono- und Dicotyledonen können von *R. solani* befallen werden. Besonders viele Artangehörige weisen die Leguminosae, Compositae, Gramineae, Papilionaceae, Cruciferae, Pinaceae, Solanaceae und Caryophyllaceae auf. Der Pilz besitzt also eine außerordentlich große Anpassungsfähigkeit, was wirtschaftlich insofern von Bedeutung ist, als es seine Bekämpfung sehr erschwert, zumal er ja auch nachweislich als Saprophyt im Boden zu leben vermag.

In auffallendem Gegensatz hierzu steht, daß das schädliche Auftreten des Parasiten geographisch außerordentlich verschieden ist. So bemerkt ORTON (1914), daß *R. solani* anscheinend in Amerika ein aktiverer Parasit als in Europa sei und daß er eine größere Rolle in den westlichen Staaten spiele als in den östlichen. Sehr gefürchtet ist er aber vor allem in Nordamerika als schwerer Schädling in den Gewächshäusern und den Anzuchtbeeten, während er beispielsweise in Deutschland in dieser Hinsicht überhaupt keine Rolle zu spielen scheint. Der einzige hier erschienene auffindbare Bericht stammt von FLACHS (1927), der über das Umfallen oder den Keimlingsbrand von Salatpflänzchen durch *R. solani* berichtet, während aus den außereuropäischen Ländern gerade über diese Krankheitserscheinung zahlreiche Mitteilungen vorliegen. Diese Feststellung wirkt um so befremdender, als *R. solani* in Deutschland, wie wir sahen, stark verbreitet ist. Es müssen hier also irgendwelche besonderen Faktoren mitsprechen, über die wir im einzelnen heute noch keine volle Klarheit haben.

Ein Hinweis ist bereits 1916 von PELTIER gegeben. Er meint, daß die meisten Stämme des Pilzes unter gewöhnlichen Bedingungen nur schwache Parasiten sind und daß die Epidemien anscheinend auf eine Kombination bestimmter Faktoren zurückzuführen sind wie Vorhandensein eines aggressiven Pilzstammes, einer anfälligen Wirtspflanzenart und optimaler Temperatur- und Feuchtigkeitsbedingungen für Infektion und Entwicklung des Parasiten. Daß letztere für das Auftreten der Krankheit von ausschlaggebender Bedeutung sind, ist späterhin eindeutig bewiesen worden, wogegen die Frage der Spezialisierung bei *R. solani* bisher noch strittig ist und auch über die unterschiedliche Rassenanfälligkeit einzelner Wirtspflanzen, namentlich der Kartoffel, wenig bekannt ist.

V. Krankheitsbild.

Das durch *R. solani* hervorgerufene Krankheitsbild ist außerordentlich verschiedenartig, je nachdem, welche Pflanze der Parasit angreift und in welchem Entwicklungsstadium er sie befällt. Man hat weiter zwischen primären und sekundären Krankheitsymptomen zu unterscheiden, wobei häufig die letzteren die ersteren mehr oder weniger überdecken und dem Krankheitsbild das Gepräge geben. In solchem Fall haben wir es also mit einem Symptomenkomplex zu tun. Ein typisches Beispiel hierfür bildet der Parasitismus der *Rhizoctonia* auf der Kartoffel. Nun hat aber PELTIER (1916) bereits darauf hingewiesen, daß die durch *R. solani* verursachten Krankheitssymptome auf dem gleichen Typ von Wirtspflanzen die gleichen sind. Das „damping off" von Sämlingen und Stecklingen verschiedener Wirtspflanzen sei ebenso identisch wie die Fäulnis von Wurzelfrüchten und die Stengelfäule von krautigen Pflanzen. Eine Beschreibung der Krankheitssymptome nach den verschiedenen Wirtspflanzen müßte daher notgedrungen zu vielfachen Wiederholungen führen. Dagegen kann man sie zu Gruppen zusammenfassen, um deren Herausarbeitung sich vor allem DUGGAR (1915) bemüht hat. Er unterscheidet 1. damping off, 2. stem rot, 3. root rot, 4. leaf rot, 5. scab, 6. secondary effects. Eine derartige Gruppierung hat freilich wieder den Nachteil, daß die pathologischen Veränderungen von solchen Wirtspflanzen, auf denen *R. solani* Symptomenkomplexe hervorruft, nicht in ihrem Zusammenhang und Verlauf verfolgt werden können. Diese Erkenntnis hat auch DUGGAR zu Änderungen seines Schemas veranlaßt. Wir können seine abgeänderte Einteilung auch zur Grundlage unserer Beschreibung der Krankheitserscheinungen machen. Aus der großen Zahl der Wirtspflanzen greifen wir diejenige heraus, nach der der Pilz seinen Namen trägt, und räumen ihr eine Sonderstellung ein, um von dem auf ihr verursachten Symptomenkomplex ein geschlossenes Bild geben zu können. Da von den übrigen keine eine derartige Fülle von Symptomen erkennen läßt, vielmehr jede meist mit einem typischen Symptom, an das sich im einzelnen Fall vielleicht noch diese oder jene Folgeerscheinung anschließt, reagiert, ordnen wir sie der allgemeinen Gruppierung der Krankheitserscheinungen unter und werden anschließend an das Krankheitsbild der Kartoffel die Symptome der Stengel- und Wurzelfäulen, der Fäulen von fleischigen Wurzeln und der Beschädigungen von Blättern und Früchten beschreiben.

a) Krankheitssymptome der Kartoffel.

Wenn ORTON 1914 sagt, die Reaktion der Kartoffelpflanze auf *Rhizoctonia*-Infektion hänge von dem angegriffenen Teil ab, so dürfte dem kaum zuzustimmen sein. Der Pilz greift stets die unterirdischen Teile der Pflanze an, hat also gar keine große Auswahl hinsichtlich des Angriffspunktes. Selbst eine Unterscheidung zwischen den Wirkungen des Angriffs auf die Stolonen und die Sproßachse dürfte sich kaum aufrechterhalten lassen, da das eine mit dem anderen meist mehr oder weniger verbunden sein wird. Gerade der gleiche ursächliche Zusammenhang aller Krankheitserscheinungen ist das Charakteristische, wobei im einzelnen natürlich weitgehende Variationen auftreten können. Die Hauptsymptome werden immer die gleichen sein, wenn sie auch in ihrem Ausmaß Schwankungen unterliegen werden entsprechend der Schwere der Erkrankung, die wiederum in gesteigertem Maße die Ausprägung der Nebensymptome bestimmen wird. Auf der anderen Seite muß nachdrücklichst betont werden, daß es in jedem Fall einwandfreier Klarstellung bedarf, ob wirklich die beobachteten Erscheinungen auf den Befall durch *R. solani* zurückzuführen sind, da häufig die gleichen oder sehr ähnliche Symptome auf ganz anderen Ursachen beruhen. Erinnert sei hier nur an Blattrollerscheinungen, Zwergwuchs und Bildung von Luftknöllchen. HEALD meint 1923 geradezu, daß Symptome, die früher dem *Rhizoctonia*-Befall zugeschrieben seien, nichts weiter seien als Phasen verschiedener Viruskrankheiten. Umgekehrt macht ORTON (1914) darauf aufmerksam, daß nicht selten Typen von Kartoffelkrankheiten aufgeführt werden, die Blattrollkrankheit, Kümmerwuchs und manchmal auch Schwarzbeinigkeit (*Bacillus phytophthorus*) vortäuschen, vermutlich aber auf *Rhizoctonia* zurückzuführen sind. Dank der Arbeiten vor allem von FRANK (1896), ROLFS (1902—1904), SELBY (1903), MORSE u. SHAPOVALOV (1914), GÜSSOW (1917), RAMSEY (1917), MÜLLER (1924) u. a. kennen wir die verschiedenen Symptome der *Rhizoctonia*-Krankheit der Kartoffel heute sehr genau.

Der Angriff des Pilzes erfolgt beim Auflaufen der Knollen. Die jungen Keime und Wurzeln müssen durch das aus den Sklerotien gebildete oder im Boden vorhandene Hyphengeflecht hindurchwachsen, und damit ist die Gelegenheit zur Infektion gegeben. Die Krankheit beginnt unterhalb der Triebspitze oder auch an ihrem äußersten Ende und pflanzt sich basalwärts weiter fort. Die zerstörten Triebspitzen erscheinen dunkelbraun verfärbt. Wird der Keim nicht vollständig vernichtet, so treiben als Ersatz einer oder mehrere Seitentriebe aus, die wiederum befallen

Abb. 1. *R. solani* auf *Solanum tuberosum*. Abgefaulte Triebe und Stengelwunden.

werden können. Das Spiel wiederholt sich, so daß die Seitenzweige etagengleich aufeinanderfolgen. Werden sämtliche Triebe von dem Pilz abgetötet, so läuft die Knolle nicht auf (cut off). Ist der Befall nicht so schwer, so erscheinen einer oder mehrere Keime über dem Erdboden (Abb. 1) und je nach dem Grade der Beschädigung, die diese erlitten haben, ist das weitere Wachstum mehr oder weniger gehemmt. An derartigen Trieben findet man dann die dunkelbraunen Hyphen des Pilzes, mitunter auch seine Sklerotien (Abb. 2), die ja namentlich auf den Knollen sehr verbreitet sind, und vor allem die charakteristischen, als Stengelwunden (stem lesions, cankers) bezeichneten Faulstellen, die auch durch späteren Angriff des Parasiten auf die unterirdischen Stengelteile älterer Pflanzen entstehen können und die in Größe, Gestalt und

Abb. 2. Sklerotien von *R. solani* auf einem Stengel von *Solanum tuberosum*.

Abb. 3. Durch *R. solani* verursachte „Fußvermorschung" bei *Solanum tuberosum*.

Tiefe sehr stark variieren. Manchmal umgürten sie den ganzen Stengel und es entsteht eine als „collar rot" oder „black ring" bezeichnete Fäulnis. Dringt diese tief in das Gewebe ein, so welken die Pflanzen plötzlich und sterben ab. Aber nicht immer verursachen die Beschädigungen den Tod der Staude. An älteren Stengeln erfolgt ein langsames Vermorschen des Stengelgrundes, ähnlich wie bei der Schwarzbeinigkeit, ein Stadium, das WOLLENWEBER (1919) als Stockfäule, APPEL (1926) als Fußvermorschung bezeichnet (Abb. 3). Durch den Verlust größerer

Partien des Leitungssystems wird dann die Wasser- und Nährstoffzulei-
tung in die oberirdischen Pflanzenteile und die Ableitung der Assimilate
aus ihnen gestört. Dann entstehen jene Erscheinungen, die große Ähnlichkeit mit den sogenannten Abbaukrankheiten haben, aber als rein
sekundäre Folgen des Pilzbefalls anzusehen sind.

Die Blätter nehmen eine lichtere, oft auch ins Rote bis Violette über-
gehende Farbe an und zeigen die Neigung, sich zu falten. Diese von
SCHANDER und BIELERT (1928) näher untersuchte und von ihnen als *Rhizoctonia*-Rollen bezeichnete Erscheinung unterscheidet sich nach ihren
Angaben von dem Gipfelrollen, abgesehen von der Färbung, dadurch, daß
das Rollen der Blätter nicht auf die obere Region der Pflanze beschränkt
bleibt, sondern auch auf die mittleren Laubblätter übergreift, und daß abweichende anatomische Veränderungen auftreten. SELBY (1903) gibt als cha-
rakteristischstes Merkmal das „more or less distinct clustering of terminal lea-
ves of the newer shoots" an. Auch ROLFS (1902) hat beobachtet, daß die Stengel dicker werden und hingestreckt (prostrate) wachsen, was der Pflanze
ein buschiges Aussehen

Abb. 4. Luftknöllchen an *Solanum tuberosum*, deren Bildung
durch *R. solani* verursacht ist. Orig. Aufnahme aus dem
Laboratory of Plant Pathology, Charlottetown P. E. J. Canada.

gibt. SELBY hat hierfür den Namen rosette-Krankheit geprägt. Eine
weitere an der Staude erkennbare Folgeerscheinung ist die Bildung von
Luftknöllchen (aerial potatoes) in den Achseln der Blätter, die auf den
ungenügenden Abtransport der Assimilate zurückzuführen ist (Abb. 4).
Hiermit kann Hand in Hand eine besonders üppige Ausbildung der oberirdischen Pflanzenteile gehen (giant hill).

In gleicher Weise wie die Triebe werden auch die Wurzeln befallen,
wie GÜSSOW (1917) vor allem gezeigt hat. Die jungen Würzelchen fallen

dem Pilz zum Opfer, der dann auf die älteren übergeht, hier aber nicht
eindringt, sondern Sklerotien bildet. Diese keimem gleichzeitig mit der
Bildung neuer Würzelchen aus und bringen sie zum Absterben. Auch
dieser Prozeß wiederholt sich immer aufs neue und führt im Verein mit
den Beschädigungen an den Keimen zu den geschilderten pathologischen
Veränderungen der oberirdischen Organe.

Der Pilz kann weiter auf die Stolonen übergehen und auf ihnen die
gleichen Faulstellen hervorrufen wie an den unterirdischen Stengeln.
Häufig werden dann die jungen Tochterknollen von der Verbindung mit
der Mutterpflanze vollständig abgeschnitten und dadurch eine Weiter-
entwicklung der Knollenanlagen unmöglich gemacht. Bei weniger starker Beschädigung der Stolonen entwickeln sich aus den Knospen dicht
oberhalb der Wunde Knollen, worauf sich das Spiel wiederholen kann

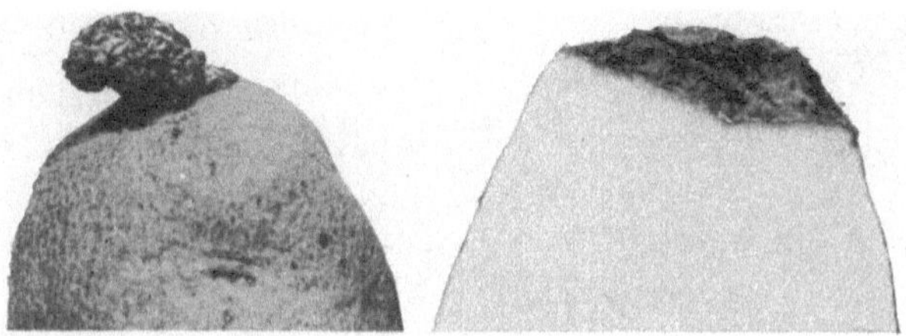

Abb. 5. „Jelly-end rot" an Knollen von *Solanum tuberosum*, verursacht durch *R. solani*.
(Nach M. SHAPOVALOV 1922.)

und auch diese Knollen der Abschnürung verfallen. So entstehen Hau-
fen von kleinen Knollen (cluster of little potatoes).

Der Pilz kann schließlich auch die neu gebildeten Knollen befallen.
WOLLENWEBER (1919) und MÜLLER (1924) haben nachgewiesen, daß er
in junge Knöllchen am Kronenende einzudringen und sie vollständig zu
zerstören vermag. An ausgewachsenen Knollen konnte MÜLLER allerdings keine Fäulnis beobachten, wohl aber WOLLENWEBER. Diese als
Rhizoctonia-Fäule bezeichnete Erscheinung hat FRANK (1897) in Deutschland weit verbreitet gefunden und eingehend beschrieben. Das kranke
Kartoffelfleisch hat wässerig-weiche, durchscheinend graue Beschaffenheit, was die Folge der vollständigen Auflösung der Stärkekörner ist.
Eine ähnliche Fäulnis ist später von SHAPOVALOV (1922) unter dem Namen „jelly-end rot" beschrieben worden (Abb. 5).

Sie tritt nach seinen Beobachtungen nur in den bewässerten Teilen des
westlichen Nordamerikas auf und nur an den langen zugespitzten Knollen der
Sorten „Netted Gem" und „Burbank". Auch hier ist das Fleisch durchscheinend
infolge der Auflösung der Stärkekörner, seine Farbe ist im ersten Stadium weiß
und ändert sich dann über gelb, lichtbraun in dunkelbraun. Die Fäulnis dringt
nur bis zu einer bestimmten Grenze vor, dann schrumpft das zerstörte Knollen-
ende zusammen und trocknet ein.

Von anderen Forschern ist diese Fäulniserscheinung allerdings *Fusa-*

rium-Arten zugeschrieben worden. McAlpine (1912) berichtet über eine
der Braunfäule (brown rust, *Phytophthora infestans*) sehr ähnliche Fäulnis durch *R. solani*. Ein weiterer Krankheitstyp an der Knolle ist von
Morse u. Shapovalov (1914) beobachtet und später von Ramsey (1917)
eingehender untersucht worden (Abb. 6).

Man kann zwei Stadien dieser Erscheinung unterscheiden. Nach dem Eindringen des Pilzes bleibt die Schale intakt und bildet gewissermaßen eine Decke
über der erkrankten Fläche von 6—7 mm Durchmesser und Tiefe, innerhalb
welcher Hyphen, zusammengebrochene Zellen und Stärkekörner in ihrer Lage
bleiben und einen trockenen „plug" bilden. Dann entsteht durch Austrocknen
und Schrumpfen der Gewebe im Zentrum der Fläche ein Riß oder ein Kanal,
und man kann nun den fingerhutförmigen Pflock leicht herausheben, besonders
beim Abziehen der Schale nach dem Kochen der Kartoffel. Das erste Stadium
soll leicht mit gewöhnlichem Schorf, das zweite mit Wurmschaden verwechselt werden.

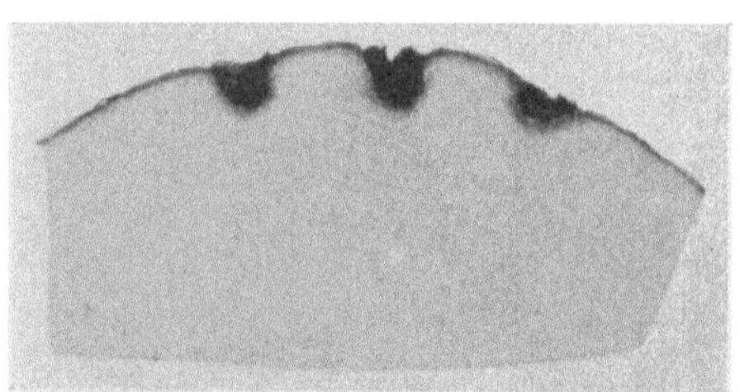

Abb. 6. „Dry core" an Knollen von *Solanum tuberosum*, verursacht durch *R. solani*.
(Nach G. B. Ramsey, 1917.)

Ramsey bezeichnet diesen Krankheitstyp als „dry core".
Neben der *Rhizoctonia*-Fäule haben verschiedene Forscher auch eine Schorf-
bildung auf den Knollen infolge Befalls durch den Pilz beobachten können. Schon
Rolfs (1902) berichtet über Verschorfung wachsender Knollen in Gestalt von einem Netz von Rissen,
das sich über die ganze Oberfläche erstreckt. Auch McAlpine (1912) hat
diese Krankheitsform wiederholt gefunden, und Wollenweber (1919)
schreibt, daß schon an sehr jungen Knollen braune, runzelige, an den
Fuscicladium-Schorf des Obstes erinnernde Flecken sich zeigen, die sich
mit dem Wachstum der Knollen vergrößern. Sie sind von Runzeln
durchzogen, die sich kreuzweise oder unter beliebigem Winkel schneiden.
Wollenweber nennt diesen Schorf deswegen Runzelschorf (Orton
[1914]: russet scab), im Gegensatz zu dem gewöhnlichen durch Actinomyceten hervorgerufenen Ringelschorf.

Alle diese beobachteten Erkrankungen der Knollen durch Befall mit
R. solani dürften aber relativ selten auftreten. In der Regel dringt der
Pilz nicht in die Knolle ein, sondern bildet auf ihrer Schale nur oberflächlich seine Sklerotien aus, jene schwarzbraunen Pocken, die zuerst
die Aufmerksamkeit auf ihn gelenkt haben. Diese Erscheinung, die am
deutlichsten sichtbar wird, wenn die Knollen gewaschen werden, kann
darum strenggenommen nicht als Kartoffel-„Krankheit" bezeichnet werden. Das Charakteristische ist gerade die oberflächliche Auflagerung der
Sklerotien auf der Schale, die man leicht mit dem Fingernagel ohne Hin-

terlassung von Hautverletzungen abschieben kann. KÜHN hat sie deshalb „Pockenkrankheit" genannt und sie dem echten Schorf oder Grindigwerden der Kartoffeln gegenübergestellt (1887). 1886 hat SORAUER den Namen Grind statt Pocken vorgeschlagen. Unter Pocke verstehe man Auftreibungen aus der Substanz des Wirtes, während Grind die vom Myzelkörper des Pilzes gebildete Masse kennzeichne. Beide Namen werden heute in der deutschen Literatur benutzt. Die Amerikaner bezeichnen diese Erscheinungsform als „black speck". Sie stellen sie auch als „scurf", und zwar als „black scurf" dem „scab" gegenüber. Häufig ist diese strenge Scheidung zwischen scurf und scab allerdings noch nicht durchgeführt (franz. gale, holländ. lakschurft) (Abb. 7).

Außer dieser an sich nicht pathologischen, sondern nur unter bestimmten Bedingungen pathogen werdenden Pocken„krankheit" ruft der Pilz noch eine andere, ebenfalls fälschlich als Krankheit bezeichnete Erscheinungsform an der Kartoffel hervor. An Stauden, die nur schwach von dem Parasiten geschädigt sind und ein normales Laubwerk entwikkelt haben, bildet er in feuchten Witterungsperioden am Grunde der oberirdischen Stengel sein Hymenium aus. Dieses hat die Form eines grauweißen, dünnen Belages, der den grünen Stengel bis zu einigen Zentimetern über dem Erdboden umgürtet. Diese Erscheinung wird als Filzkrankheit oder Weißhosigkeit bezeichnet.

Abb. 7. Sklerotien von *R. solani* auf Knollen von *Solanum tuberosum* (Grind oder Pockenkrankheit).

Das Hymenium liegt dem Stengel nur lose auf, zerreißt sehr leicht, wenn es trocken wird, und verschwindet bald nach dem Tode der Pflanze.

Die Symptome der *Rhizoctonia*-Krankheit der Kartoffel sind also außerordentlich mannigfaltiger Natur. Eine ganze Reihe der Erscheinungen können auch auf andere Ursachen zurückgehen. Diesen Umstand macht K. O. MÜLLER (1924) dafür verantwortlich, daß es so langer Zeit nach der Entdeckung des Pilzes bedurfte, um alle von *R. solani* an der Kartoffel verursachten Krankheitssymptome ätiologisch zu klären.

b) Stengel- und Wurzelfäule.

Stengel- und Wurzelfäulen sind diejenigen Formen der Beschädigung, die *R. solani* an weitaus der Mehrzahl seiner Wirtspflanzen hervorruft. Die Krankheitserscheinungen wechseln naturgemäß mehr oder weniger mit den verschiedenen Entwicklungsstadien der Pflanze, da diese je nach dem Alter und der dadurch bedingten fortschreitenden Differenzierung der Gewebe unterschiedlich auf den Angriff des Parasiten reagiert. Dies hat man zum Anlaß genommen, für die mehr oder weniger ähnlichen Krankheitssymptome Benennungen einzuführen, welche die charakteristischen Merkmale möglichst treffend kennzeichnen. Infolgedessen begegnet man in der Literatur zahlreichen Krankheitsnamen, die den Eindruck erwecken, als ob es sich um ganz verschiedene Krankheiten handele. In Wirklichkeit gehen sie aber auf die gleiche Ursache zurück. Auf der anderen Seite können die gleichen Krankheitssymptome durch die verschiedensten Ursachen hervorgerufen werden, so daß in diesem Falle umgekehrt nur ein Krankheitsname erscheint, in Wirklichkeit aber ganz verschiedene Krankheiten vorliegen. Dieses Vorkommen von gleichen Symptomen bei verschiedenen Ursachen und von verschiedenen Symptomen bei gleichen Ursachen sollte dazu führen, daß man in jedem Fall zu dem Krankheitsnamen die Bezeichnung der Ursache hinzufügt.

Besonders reich an Namen für die durch *R. solani* verursachten Stengel- und Wurzelfäulen ist die amerikanische Literatur. JOHNSON (1924) gibt bei Besprechung der Tabakkrankheiten folgende Synonyme an: damping off, bed-rot, sore-shin, sore-shank, seedling rot, collar rot, stem rot, canker, blag-leg. Weiter findet man foot-rot (SMALL 1925), black rot, black shank, wire-stem (GRATZ 1925), root rot (RATHBUN 1922), bottom rot (WEBER u. FOSTER 1928). In Deutschland ist, wie früher schon betont, meines Wissens *R. solani* nur einmal als Erreger einer Stengelbeschädigung erwähnt, und zwar bei Salat (FLACHS 1927). Die Krankheit ist in diesem Fall als Wurzelhalsfäule bezeichnet. Ähnliche, durch andere Ursachen, meist Parasiten, hervorgerufene Symptome sind als Wurzelbrand, Keimlingsbrand, Umfallen, Sämlingsschwinden (SORAUER 1886) u. a. bekannt.

Man kann nun bei den durch *R. solani* verursachten Stengelfäulen nach dem Zeitpunkt ihrer Entstehung zwei große Gruppen unterscheiden. Die erste tritt in einem sehr frühen Entwicklungsstadium der Wirtspflanze auf; sie ist in manchen Fällen keine Stengelfäule im eigentlichen Sinne, da der Angriff schon auf den eben keimenden Samen, ja sogar auf den noch ruhenden Samen erfolgen kann. In der amerikanischen Literatur wird diese Gruppe meist als damping off bezeichnet, aber auch als bed-rot oder sore-shin. Die zweite Gruppe zeigt sich an älteren Pflanzen, die über das Sämlingsstadium hinaus sind, und kann als stem-rot im engeren Sinne dem damping off gegenübergestellt werden. Die erste ist eine typische Erscheinung im Anzuchtbeet, die zweite findet man auch im Feldbestand. Zwischen den beiden Gruppen ist eine scharfe Grenze naturgemäß nicht möglich. Dadurch entsteht ein Bereich, in dem die Krankheitsbenennung besonders stark wechselt. Dagegen lassen sich beide Gruppen unschwer von den Wurzelfäulen (root rot) trennen. Da es sich hierbei um Erscheinungen handelt, die fast ausschließlich in der englisch-amerikanischen Literatur beschrieben werden, sind auch die englischen Bezeichnungen beibehalten worden.

1. Damping off.

Die erste eingehende Beschreibung dieser Krankheitserscheinung stammt aus Nordamerika aus dem Jahre 1895. In einer „Damping off" betitelten Arbeit gibt ATKINSON eine ausführliche Darstellung ihrer Ursachen und Symptome. Ihr Auftreten wird begünstigt durch Boden- und Luftfeuchtigkeit und relativ hohe Temperatur; der Name ist demnach nach einer der die Krankheit fördernden Bedingungen gewählt worden. ATKINSON hat nun festgestellt, daß sie von mehreren Pilzen hervorgerufen werden kann. Neben solchen, deren höhere Fruchtform bekannt ist, führt er auch einen als „sterile fungus" bezeichneten auf. Diesen hat er erstmalig 1892 an Baumwollpflanzen gefunden und durch Infektionsversuche seine ursächliche Beziehung zu der den Baumwollpflanzern als sore-shin-Krankheit[1] bekannten Erscheinung nachweisen können. Das Myzel ist durch die charakteristische Hyphenform und die Art der Verzweigung leicht kenntlich. Trotz aller Bemühungen ist es ATKINSON nicht gelungen, den Pilz in Reinkultur zur Fruktifikation zu bringen. 1895 hat er ihn auf Bohnen beobachtet. Ihre Stengel zeigten tiefe, braune Geschwüre (ulcer) an der Bodenoberfläche. Einige waren umgekippt, andere erholten sich. Viel verhängnisvoller wird der Angriff des Pilzes, wenn er kleinere Sämlinge wie *Raphanus sativus, Lactuca sativa, Solanum melongena, Brassica oleracea* u. a. befällt.

Ausführlicher beschrieben sind die Krankheitssymptome der Baumwolle dann durch BALLS (1905) und BRITON-JONES (1925).

Der Pilz kann die Wurzel unmittelbar nach dem Vorbrechen aus der Samenschale angreifen und die Keimung zum Stillstand bringen. Gräbt man die Samen aus, so erweckt es den Anschein, als ob sie nicht gekeimt haben, da die tote Radicula leicht abbricht. Dieses scheinbare Ausbleiben der Keimung hat man früher auf schlechte Beschaffenheit des Saatbeetes geschoben; BALLS glaubt aber, daß in erster Linie der parasitäre Befall hierfür verantwortlich zu machen ist. Ist das Hypokotyl bereits entwickelt, so findet man eine hellbraune, naßfaule Masse, die mit weißgrauem Myzel üppig bedeckt ist. Erfolgt der Angriff des Pilzes noch später, wenn die Kotyledonen sich bereits oberirdisch entfaltet haben, so verlieren diese zunächst an Glanz, werden dann deutlich matt, fühlen sich schlaff an und welken oder kollabieren schließlich infolge des Turgorverlustes des Blattparenchyms. Darauf wird der Stengel schlaff, neigt sich, bricht zusammen, und die Pflanze schrumpft zu einer spröden braunen Masse

---

[1] SHAPOVALOV (1926) wendet sich dagegen, daß der Name „sore-shin" einem bestimmten Pilz, *R. solani*, beigelegt wird. Er kennzeichne lediglich eine Gruppe von Baumwollstengelbeschädigungen, die in ihren äußeren Merkmalen ähnlich sei, aber auf ganz verschiedene Ursachen zurückgehen könne.

ein, die oft vom Wind fortgetragen wird. Diesen Erscheinungen geht parallel die Entstehung eines feinen braunen Fleckes auf dem Hypokotyl, dicht über oder unter der Bodenoberfläche, der sich allmählich vergrößert, bis er den Stengel ganz umgürtet. Die Rindengewebe sterben ab und werden zu einer braunen weichen Masse. Die so gehemmte Nahrungszufuhr führt zu den geschilderten Symptomen, die Pflanze bricht am Angriffspunkt des Pilzes schließlich ab. Häufig erholen sich die Pflanzen aber auch, wenn sie erst nach dem Auflaufen befallen werden. Dann bleibt ein brauner trockener Fleck an der erkrankten Stelle zurück, der mit dem zunehmenden Dickenwachstum des Stengels mehr und mehr verschwindet. Bei Verletzungen des Kambiums kommt es auch zu normaler Kallusbildung. BALLS wie BRITON-JONES weisen darauf hin, daß manche Stadien der Krankheit an Baumwolle Ähnlichkeit mit Beschädigungen durch *Agrotis ypsilon* aufweisen, und meinen, daß dieser häufig für die Schäden verantwortlich gemacht werde, die in Wirklichkeit durch den Pilz verursacht seien.

Eine sehr genaue Beschreibung der in erster Linie auf *R. solani* zurückzuführenden damping off-Erscheinungen in Koniferen-Anzuchtgärten verdanken wir HARTLEY und seinen Mitarbeitern (1918). Sie unterscheiden nicht weniger als sechs verschiedene Typen der Krankheit, nämlich 1. normal damping off, 2. germination loss, 3. late damping off, 4. damping off of tops, 5. blacktop, 6. decay of dormant seed, geben aber selbst zu, daß manche dieser Typen so sehr ineinander übergehen, daß eine getrennte Behandlung als verschiedene Krankheiten unmöglich ist.

Für den ersten, verbreitetsten Typ ist charakteristisch das Umfallen der Sämlinge, während der oberirdische Stengel noch grün und turgeszent ist. Es ist kein Verwelken infolge Abschnürung der Wasserzufuhr, sondern das Umkippen wird lediglich durch Erweichen der Hypokotylgewebe dicht unter der Bodenoberfläche herbeigeführt. Die Abtrennung der übrigen Typen beruht im wesentlichen auf unterschiedlichem zeitlichem Befall. Bei germination loss wird die Radicula bald nach dem Vorbrechen aus der Samenschale getötet, der Sämling erscheint also gar nicht erst an der Oberfläche. Late damping off ist das Ergebnis von Wurzelinfektionen mehrerer Wochen alter Sämlinge, deren Stengel sich normal entwickelt haben. Die jüngsten und tiefsten Teile der Wurzeln werden gewöhnlich zuerst angegriffen. HARTLEY (1913) hat die Hyphen bis zu 28 cm (11 Zoll) unter der Bodenoberfläche gefunden. Ältere Wurzelteile widerstehen oft dem Eindringen und senden neue Würzelchen aus, wodurch unter Umständen eine allmähliche Erholung der Pflanze eintreten kann. Die Sämlinge bleiben aufrecht stehen, vertrocknen und werden braun; in manchen Fällen werfen sie sogar ihre Nadeln ab, bevor der Stengel schließlich umfällt. Dieser Typ wird sehr leicht mit Trockenschäden verwechselt. Von damping off of tops, von dem blacktop ein Spezialfall ist, sprechen die Autoren, wenn die Kotyledonen oder die oberen Stengelteile befallen werden, während Hypokotyl und Wurzeln gesund sind. Der letzt Typ endlich stellt solche Fälle dar, in denen der Embryo noch innerhalb der Samenschale vernichtet wird, gehört also zeitlich gewissermaßen an den Anfang der Reihe.

In ähnlicher Weise haben GLOYER u. GLASGOW (1924) nach den mit dem Alter der Sämlinge wechselnden Krankheitssymptomen drei verschiedene Typen des durch *R. solani* verursachten damping off bei *Bras-*

sica oleracea unterschieden. Auch hier ist aber eine scharfe Abgrenzung infolge der allmählichen Übergänge nicht möglich.

Den ersten Typ bezeichnen sie als echtes damping off; er tritt an bis zu 7,6 cm (3 Zoll) hohen Pflanzen in der bekannten Weise auf. Der zweite Typ ist charakterisiert durch die Bildung von „wiry tap roots". GRATZ (1925) schlägt deswegen den Namen „wire-stem" statt damping off vor, gibt aber gleichzeitig zu, daß „wire-stem of cabbage is first evident as a typical damping off" (S. 5). In diesem älteren Sta-dium sind die Gewebe schon mehr differenziert. Die Rinde wird vollkommen zerstört und bildet eine schleimige Masse, die bei trockenem Wetter zusam-menschrumpft. Die stattgefundene Infektion verrät sich dann nur durch die drahtigen Stengel und die scharfe Einschnürung zwischen dem kranken und dem gesunden Teil (Abb. 8). Der dritte Typ zeigt deut-liche grau bis schwarz gefärbte Geschwüre (ulcers or cankers) von 32—190 mm ($^1/_8$—$^3/_4$ Zoll) Länge auf 5—15 cm (2—6 Zoll) hohen Pflanzen. Diese Wunden werden auch einige Zentimeter über dem Erdboden am Stengel gefunden, den sie in schweren Fällen vollkommen umgürten.

Die an *Pisum sativum* hervorgerufenen Be-schädigungen lassen sich nach RICHARDS (1923) in folgende Gruppen zusammenfassen: 1. Zerstö-rung des ganzen Embryos der keimenden Saat, 2. Zerstörung der primären Sprosse, die später durch einen oder mehrere Seitensprosse ersetzt werden können, 3. Wunden auf dem unterirdi-schen Stengel, 4. frühe Vernichtung der Koty-ledonen, wodurch die junge Pflanze ihrer auf-gespeicherten Nahrung beraubt wird.

Erwähnt sei schließlich noch die von FLACHS (1927) beschriebene Wurzelhalsfäule an Salat-pflänzchen. Sie befällt im Gegensatz zum „Um-fallen" oder Keimlingsbrand, der bei uns bisher stets auf andere Parasiten zurückgeführt wird, in der Regel größere Pflanzen und tritt lokal auf. Dadurch entstehen kreisförmige Stellen,

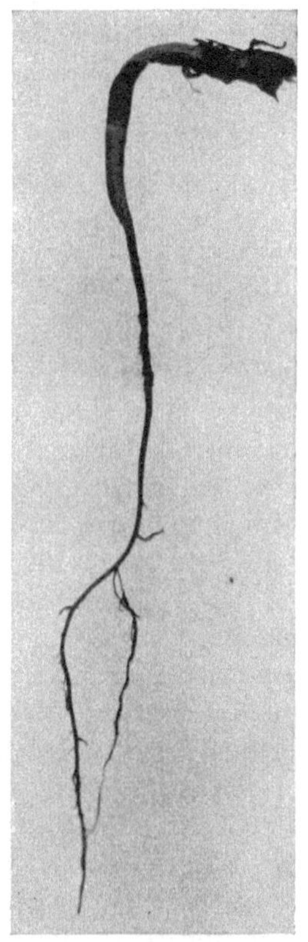

Abb. 8. Drahtiger Stengel (wire-stem) von *Beta vulgaris*-Sämling, verursacht durch *R. solani*.

auf denen die Pflanzen absterben. An der Basis der Blattstiele finden sich am Wurzelhals rotbraune Flecken, an denen das Gewebe eingesunken und erweicht ist. Bei starkem Befall werden auch die Gefäßbündelstränge ergriffen. Die Blätter werden schlaff und legen sich auf die Erde, wo sie bald durch die Tätigkeit von Bakterien und anderen Parasiten zu einer schleimigen Masse zerfallen.

Die Beispiele genügen, um zu zeigen, daß die Erscheinungen des damping off auf den verschiedensten Wirtspflanzen mehr oder weniger

3*

gleichartig sind. Es bestätigt sich also die von Peltier schon 1916 gemachte Feststellung. Er hat für eine ganze Anzahl von Pflanzen die damping-off-Symptome näher beschrieben und kommt zu dem Schluß, daß sie in ihren Grundzügen identisch sind. Diese kennzeichnet Atkinson (1895, S. 271) folgendermaßen: „The plants when affected frequently present a paler green color. The tissues become soft at the surface of the ground, the plant falls over and dies. In related cases the plant may show a brownish ulcer at the surface of the ground which frequently increases in size until the plant is severed at this point and then dies."

2. Stem-rot.

Die späten Stadien des damping off, wie sie uns namentlich bei den Koniferen, bei *Brassica* und bei *Pisum* entgegentreten, bilden bereits den Übergang zu der Gruppe der „stem-rot"-Erscheinungen. Wie eng diese beiden Gruppen miteinander verbunden sind, hat am deutlichsten Johnson (1924) zum Ausdruck gebracht. Er unterscheidet bei Besprechung der Tabakstengelkrankheiten zwischen „damping off or bed rot" und „sore-shin or stem rot". Diese beiden Krankheiten sind aber, wie er sagt, nur dadurch charakterisiert, daß die erstere im Anzuchtbeet auftritt, die letztere dagegen im Feldbestand. Im übrigen seien sie identisch, und oft entstehe die letztere durch Verpflanzen infizierter Sämlinge. Bewley (1920) meint, damping off sei ein vulgärer Ausdruck, um den Tod von sehr jungen Sämlingen zu beschreiben, während man von foot-rot spreche, wenn der Angriff erst später erfolgt. Das zeigt zur Genüge, daß es nicht möglich ist, hier feste Grenzen zu ziehen. Immerhin gibt es aber doch eine Reihe von Fällen, in denen man nicht im Zweifel sein wird, die Krankheit der zweiten Gruppe von Stengelerkrankungen zuzuteilen, den Stengelfäulen im engeren Sinne.

Hierhin gehört vor allem die gefürchtete Stengelfäule der Nelken, die erstmalig von Stewart (1899) und später von Peltier (1919) eingehend untersucht worden ist. Sie kann, wie Peltier sagt, Sämlinge, Stecklinge und reife Pflanzen befallen. Die Symptome seien in allen Fällen mehr oder weniger gleich; bei den Sämlingen spreche man für gewöhnlich jedoch von damping off. Bei der stem-rot-Krankheit im engeren Sinne, wie sie an den älteren Pflanzen auftritt, dringt der Pilz in den Stengel an der Bodenoberfläche ein. Die Pflanze beginnt plötzlich zu welken und zu vergilben. Die Rinde zeigt eine schleimig-feuchte Beschaffenheit, so daß sie sich leicht vom Holz trennen läßt. Der Pilz dringt auch in das Kambium und in das Mark vor, das ein wässeriges Aussehen annimmt.

Über schwere Verluste durch Stengelerkrankungen von *Phaseolus vulgaris* berichten Duggar u. Stewart (1901), Hedgcock (1904), Fulton (1908) und Barrus (1910). Hier treten auf den Stengeln unter oder an der Bodenoberfläche die charakteristischen Wunden auf, die häufig den ganzen Stengel umgürten und so das Abbrechen der Pflanzen verursachen oder sie in anderer Weise zum Absterben bringen. Die gleichen Symptome hat SMALL (1925) bei *Solanum lycopersicum* beobachtet. In ganz charakteristischer Weise ist die Stengelfäule schließlich an einer Anzahl von Wasserpflanzen in die Erscheinung getreten. BOURN u. JENKINS berichten 1928 über ein Massensterben solcher in den Binnengewässern von Nordkarolina. Als Ursache konnte einwandfrei der Befall durch *R. solani* festgestellt werden. Man findet die charakteristischen Wunden auf den Stengeln nahe dem ersten Knoten an der Bodenoberfläche. Die Infektion erfolgt stets in dieser Gegend ohne Rücksicht auf die Tiefe des Wassers.

3. Root-rot.

Daß mit der Erkrankung des Stengels häufig eine solche der Wurzeln Hand in Hand geht, konnten wir früher bereits feststellen. Erinnert sei namentlich an die Koniferen. In manchen Fällen kann sich aber der Angriff des Parasiten wohl auch auf die Wurzeln allein beschränken. So hat RATHBUN (1922) Infektionsversuche an Kiefernsämlingen angestellt, die zu alt waren, um die gewöhnlichen damping-off-Erscheinungen zu zeigen. Hier konnte eine Zunahme der Wurzelerkrankungen durch *Rhizoctonia*-Befall festgestellt werden. PHILIPPS (1923) gibt an, daß er *R. solani* auf den Wurzeln von kranken Sämlingen von *Olea laurifolia* gefunden habe. HARTER (1927) hat *R. solani* als Ursache der Zerstörung einiger der kleinen Wurzeln von *Ipomoea batatas* ermittelt. Die Symptome im letzteren Falle ähneln etwas der durch *Pythium* verursachten Wurzelfäule, sollen sich aber von ihr dadurch unterscheiden, daß die Wurzeln vollständiger zerstört sind und daß sich Büschel von kleinen Wurzeln entwickeln, die einem Hexenbesen ähneln.

Eine reine Wurzelerkrankung von *Beta vulgaris* ist schließlich durch EDSON (1915) eingehend beschrieben worden. Diese „root-sickness" ähnelt in mancher Hinsicht dem damping off der Rübensämlinge, der Angriff beschränkt sich aber auf das Wurzelsystem und wird selten oberirdisch sichtbar. Das ist nach EDSONS Meinung der Grund, daß die Krankheit so lange übersehen ist.

Solche wurzelkranken Pflanzen zeigen ein etwas welkes Aussehen und sind vielleicht etwas heller in der Farbe. Der Angriff des Pilzes dauert 2—3 Wochen; während dieser Zeit ist das Wachstum praktisch eingestellt. Nimmt man solche kranken Pflanzen aus dem Boden, so findet man, daß die Seitenwurzeln und die Pfahlwurzeln geschwärzt, zusammengeschrumpft und mehr oder weniger tot sind. Hier und da werden an dem noch gesunden oberen Teil neue Wurzeln gebildet, die eine Erholung der Pflanze ermöglichen können. Wenn es dazu kommt, tritt eine von diesen Wurzeln an die Stelle der ursprünglichen Pfahlwurzel. Aber auch in diesem Falle bleibt die Rübe infolge der Wachstumshemmung kurz und zeigt Verzweigungen. In schweren Fällen können größere Be-

stände vollkommen vernichtet werden, stets bleiben sie aber mehr oder weniger
lückig und unausgeglichen. EDSON gibt an, daß diese Krankheitserscheinung in
Nordamerika sehr verbreitet ist und auf manchen schwereren Böden der nörd-
lichen Gegenden die Grenze für die Zuckerrübenproduktion bestimmt. Dabei
darf aber nicht übersehen werden, daß sie keineswegs allein auf *R. solani* zurück.
zuführen ist, sondern daß auch andere Parasiten an ihrem Zustandekomme-
beteiligt sind, ja daß diesen vielleicht sogar die größere Bedeutung beizumessen istn

Daß hinsichtlich des Anteils von *R. solani* an dem Auftreten von
Stengel- und Wurzelfäulen Widersprüche zwischen den Angaben in der
europäischen und der außereuropäischen, namentlich der nordamerikanischen Literatur bestehen, ist schon wiederholt angedeutet. Das gleich
zu besprechende Beispiel der Rübenfäule wird das besonders klar zeigen.

c) Fäulen von fleischigen Wurzeln.

Eine besondere Gruppe von Krankheitserscheinungen bilden die
durch *R. solani* an fleischigen Wurzeln hervorgerufenen Fäulen. Sie

Abb. 9. „Crown-rot" auf *Beta vulgaris*, verursacht durch *R. solani*. (Nach H. A. EDSON 1915.)

sind am eingehendsten bei *Beta vulgaris* untersucht worden. In Amerika
ist *R. solani* als Erreger einer Rübenfäule gut bekannt. Im Gegensatz
dazu wird in Europa nur über das Auftreten der durch *R. medicaginis*
verursachten Rotfäule berichtet. Das hat zu der Vermutung geführt,
daß die beiden in Amerika und Europa gefundenen Parasiten identisch
sind, daß es sich also auch in Amerika um die Rotfäule handele. Demgegenüber weist EDSON (1915) auf die großen Verschiedenheiten der beiden Organismen hin, die eine Verwechslung vollkommen ausschließen.
Die amerikanische Form sei dagegen nicht zu unterscheiden von einem
Stamm, den PETHYBRIDGE aus einer Einzelspore von *Hypochnus solani*
auf Kartoffel isoliert habe. Außerdem sind Infektionsversuche mit einer
Herkunft von der Kartoffel positiv ausgefallen.

Die Krankheit ist vermutlich zuerst durch PAMMEL (1891) beobachtet
worden. Möglicherweise hat, wie früher erwähnt, auch EIDAM (1886)

sie schon vor sich gehabt. DUGGAR (1899) und PELTIER (1916), die sie eingehender untersucht haben, geben an, das erste Anzeichen sei eine Schwärzung der Basis der Blattstiele. Dann beginnt sich die Krone zu bräunen. Von hier ausgehend bilden sich bei weiterem Fortschreiten der Krankheit Risse. Die Gewebe um diese herum bleiben fest, während die Krone infolge von Sekundärinfektionen meist weichfaul wird. Auch an den Seiten der Rübe treten häufig Wunden auf, die sich tief in das Innere erstrecken. Eine typische crown-rot hat EDSON (1915) bei Infektionsversuchen erhalten (Abb. 9).

Einen anderen als „dry rot canker" bezeichneten Krankheitstyp auf *Beta vulgaris* hat RICHARDS (1921) beschrieben, wobei er die Frage des Zusammenhanges mit der schon länger bekannten Rübenfäule offen läßt (Abb. 10).

Die Rüben zeigen zahlreiche runde braune Wunden, die 1,5—25 mm ($^1/_{16}$ bis 1 Zoll) Durchmesser haben und mehr oder weniger in den Rübenkörper eingesunken sind. Diese Wunden lassen eine deutliche konzentrische Zonung von hell- und dunkelbraunen Ringen erkennen. Entfernt man von den älteren Wunden die äußeren Zellagen, so kommen tiefe „canker or pockets" zum Vorschein, die mit hyalinem Myzel und den vertrockneten Überresten von teilweise zerstörten Wirtszellen gefüllt sind. Einzelne solcher kreisförmigen Wunden, die sich stets um eine einzige Infektionsstelle bilden können, gehen ineinander über und vereinigen sich zu großen Kreisen. Ein weiteres charakteristisches Merkmal entsteht, wenn die Infektion an oder nahe der Wurzelspitze erfolgt. In solchen Fällen kann diese vollkommen abgetrennt

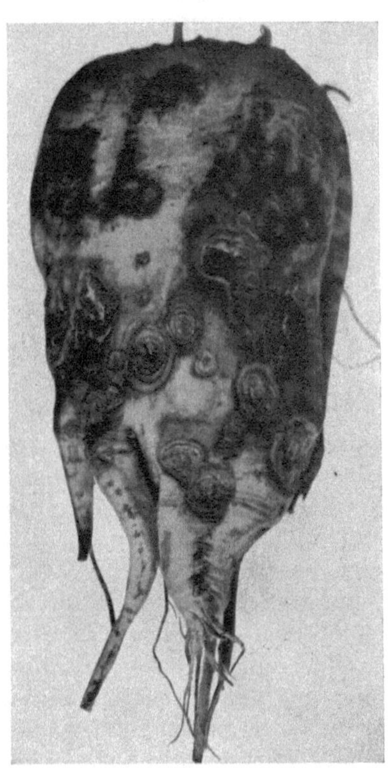

Abb. 10. „Dry rot canker" auf *Beta vulgaris*, verursacht durch *R. solani*. (Nach B. L. RICHARDS 1921.)

werden, und der Parasit ruft dann in dem verbleibenden Rübenkörper die gleichen kreisförmigen Wunden hervor. Trocknen diese aus, so entstehen Risse, die dem Parasit das weitere Vordringen in das Innere ermöglichen. Es kommt schließlich zur Bildung von Höhlen, wie sie PAMMEL schon gefunden hat. Oft laufen verschiedene Risse zusammen, wodurch große charakteristische Spalten entstehen. Zur Erntezeit ist die Rübe dann häufig an zahlreichen Stellen in eine trockene spröde Masse verwandelt, die aus Überresten der Wirtspflanze und des Pilzes besteht.

Außer bei *Beta vulgaris* sind Fäulniserscheinungen auch bei *Raphanus sativus, Daucus carota* und *Brassica rapa* beobachtet worden (DUG-

GAR u. STEWART 1901, WHITE 1916, LAURITZEN 1929). Auf den beiden
ersten tritt eine typische ,,crown-rot" auf, die allmählich mehr oder weniger tief in den Wurzelkörper vordringt und naturgemäß auch ein Absterben der Blätter zur Folge hat. Die von LAURITZEN beschriebenen
Symptome auf *Brassica rapa*, die sich im Winterlager zeigten, erinnern
etwas an die von RICHARDS auf *Beta vulgaris* gefundenen. Es erscheinen
runde bis elliptische, graubraune Wunden, die oft deutliche Zonenbildung erkennen lassen und sich nach innen zu mehr oder weniger konus-
förmig erstrecken. Das nekrotische Gewebe ist etwas wässerig, schwam-
mig. Wenn die Zerstörung in die dunkelvioletten Wurzeln vordringt,
bleicht in den nekrotischen Geweben die Farbe aus, die am Rand der
Wunden Übergänge von hellrot bis dunkelviolett erkennen läßt. Häufig
findet man Myzel und Sklerotien auf den Wunden.

d) Blatt- und Fruchtbeschädigungen.

Einwandfreie Beobachtungen über Beschädigungen von Blättern
durch *R. solani* liegen nur wenige vor. Im Gegenteil, auf Kartoffelblättern z. B. hat K. O. MÜLLER (1924) niemals das Eindringen von Hyphen
in das Innere der Stengel und Spreiten oder Wachstum in Richtung auf
Spaltöffnungen beobachten können.

Dagegen berichten STONE u. SMITH (1900) über einen Fall von Blatt-
fäule. Auf den unteren Blättern von *Lactuca sativa*, soweit sie dem Boden
nahe waren, fanden sie braune Flecken, die sich in charakteristischer
Weise ausbreiteten. In kurzer Zeit war die ganze Blattspreite wegge-
fault, während Mittelrippe und Stiel gesund stehen blieben. Nach späteren Beobachtungen von DYE (1922) entstehen auch auf den Mittel-
rippen rostige Wunden, so daß das vorgerückte Stadium der Krankheit
durch einen geschwärzten aufrechten Stumpf gekennzeichnet ist.

Eine ganz ähnliche als ,,*Rhizoctonia*-head-rot" bezeichnete Erscheinung auf *Brassica oleracea* beschreibt WALKER (1927). Kurze Zeit vor
der Ernte traten an der Basis der Laubblätter und am unteren Teil des
Kopfes Verfärbungen auf. Die Blätter wurden bald braun bis schwarz,
zwischen ihnen fand sich Myzel. Die Fäulnis drang immer mehr in das
Innere des Kopfes vor, auf den fleischigen Blättern charakteristische
dunkle, eingesunkene Flecke hervorrufend. Während der Aufbewahrung schritt die Infektion weiter vorwärts.

BERTUS (1928) hat auf Blättern von Tee braune Flecke beobachtet,
auf deren Unterseite er weiße bis gräuliche Myzelmassen fand. Nähere
Untersuchungen haben ihn zu dem Schluß kommen lassen, daß es sich
um einen Stamm von *R. solani* handele. Dieser vermag beim Tee nur
die jungen Blätter und Schosse, aber nicht ältere Stengel anzugreifen.

Zu den Blattbeschädigungen sind schließlich auch solche Schäden zu
rechnen, wie sie häufig an den Blattstielen von Pflanzen mit Pfahlwur-

zeln auftreten. So hat Duggar (1899) bei *Beta vulgaris* an der Basis der Blattstiele eine Schwärzung beobachtet, die an den äußeren Blättern beginnt. Die Stiele vermögen schließlich die Spreiten nicht mehr zu tragen und die Blätter legen sich platt an den Boden, ohne aber selbst ihre grüne Farbe gleich zu verlieren. Ob die Erkrankung, die sich weiterhin vor allem auf den Rübenkörper ausdehnt und zu den früher besprochenen Erscheinungen führt, auch die Blattspreiten ergreift, ist nicht gesagt. Richards (1921) hat diese Beschädigung der Blattstiele bei seinen Untersuchungen über die Trockenfäule der Zuckerrüben nicht gefunden. Dagegen berichten Peltier (1916) und White (1926) über ähnliche Beobachtungen bei *Daucus carota*.

Im Gegensatz zu den nur spärlich beobachteten Blattbeschädigungen kommen Fruchtfäulen durch *R. solani* bei einzelnen Wirtspflanzen nicht selten vor.

Der erste derartige Fall ist von Hedgcock (1904) für *Phaseolus vulgaris* beschrieben und später durch Fulton (1908) und Barrus (1910) bestätigt worden. Auf dieser Wirtspflanze vermag demnach *R. solani* drei verschiedene Krankheitsformen hervorzurufen, nämlich „damping off", „dry rot of the stems" und „brown sunken areas on the pods" (Fulton 1908).

Die Infektion tritt an solchen Hülsen auf, die mit dem Erdboden in Berührung kommen, und zwar in stärkerem Grade nur, wenn extrem feuchte Bedingungen herrschen. Dann bilden sich auf ihnen braune eingesunkene Flächen. Die Hyphen können die ganze Hülse durchwachsen, in die Samen eindringen und eine Verfärbung dieser herbeiführen. Häufig findet man kleine Sklerotien auf der Samenschale. Dagegen gelangt der Pilz nicht bis zu den Kotyledonen, so daß eine Fäulnis der Samen nicht eintritt.

Eine weit wichtigere Rolle spielt die als „soil-rot" bezeichnete Fruchtfäule der Tomaten, die erstmalig von Rolfs (1905) beobachtet und späterhin wiederholt eingehend untersucht worden ist (Pool 1908, Rosenbaum 1918, Ramsey u. Bailey 1929). Der Name ist gewählt, weil nach den Beobachtungen von Weber u. Ramsey (1926) gewöhnlich nur diejenigen Tomaten infiziert werden, die den Boden berühren oder ihm nahe genug hängen, um mit Wasser und Erde bei Regenfällen bespritzt zu werden. Nur gelegentlich entwickeln Früchte, die hoch an der Staude hängen, die Bodenfäule. Die Beschreibungen der Symptome stimmen nicht in allen Fällen genau überein.

Nach Rolfs erfolgt die Infektion entweder vom Stengelende aus durch Risse in der Epidermis und führt dann zu einer typischen Braunfäule. Die erkrankten Flächen sind, wie Pool sagt, durch ihre schokoladenfarbige, leicht runzlige Epidermis deutlich zu erkennen. Ramsey u. Bailey geben an, daß die frühen Infektionen auf dem Felde durch kleine, runde braune Flecke auf der unteren Hälfte der grünen Frucht gekennzeichnet sind. Gewöhnlich zeigen diese Flecke, die einen Durchmesser von etwa 0,6 cm ($^1/_4$ Zoll) haben, enge Zonenbildung von hell- und dunkelbraunem Gewebe in Form konzentrischer Ringe. Späterhin, wenn die Tomaten reifen und der Pilz schneller wächst, verschwinden die Ringe. Die kranken Flächen nehmen dann das Aussehen großer brauner oder rötlich brauner Wunden an; manchmal sehen sie auch schmutzigbraun aus infolge zurückgebliebenen grünen Farbstoffes. Anfangs sind sie fest, später werden sie weicher und wässeriger. In den größeren Wunden zerreißt die Epidermis, und die Risse füllen sich mit braunem Myzel und Sklerotien.

Auffallend ist nun, daß WOLLENWEBER (1913) mitteilt, *R. solani* habe grüne Tomaten von Wunden aus zum Faulen gebracht. Das Krankheitsbild sei durch das Fehlen konzentrischer Ringe gekennzeichnet und unterscheide sich hierdurch von einer anderen, ebenfalls durch eine *Rhizoctonia* verursachten Fruchtfäule, deren Erreger WOLLENWEBER *R. potomacensis* n. sp. nennt; diese erzeuge auffällige subepidermale konzentrische Myzelformen auf der Tomate. Ob nun wirklich zwei durch verschiedene Parasiten verursachte Fruchtfäulen der Tomaten zu unterscheiden sind, muß vorerst dahingestellt bleiben.

Eine weitere Fruchtfäule ist von WOLF (1914) auf *Solanum melongena* beschrieben worden. Auch hier werden Früchte jeglichen Alters befallen, wenn sie in Berührung mit dem Boden kommen. Die Zerstörung breitet sich gleichmäßig nach allen Richtungen von der Infektionsstelle her aus, so daß eine runde, braune Fläche entsteht. Sie dringt auch tief in das Innere der Frucht bis zum Zentrum oder darüber hinaus vor. Die infizierten Gewebe werden weich und kollabieren, so daß eine Vertiefung entsteht. Manchmal werden die Früchte in 7—10 Tagen völlig zerstört.

Schließlich sei noch die *Rhizoctonia*-Braunfäule von *Fragaria* besprochen. Sie ist erstmalig von HEALD (1921), später auch von COONS (1924) beobachtet und dann von DODGE u. STEVENS (1924) genauer untersucht worden. Letztere lassen allerdings die Frage offen, ob es sich wirklich um *R. solani* handelt, mit der der von ihnen gefundene Pilz große Ähnlichkeit hat. Da HEALD aber seine Beobachtungen an einem Bestand gemacht hat, der nach stark infizierten Kartoffeln angebaut war, ist die Identität der beiden Formen sehr wahrscheinlich.

Die Zerstörung beginnt regelmäßig auf der einen Seite der Frucht, und zwar wieder auf derjenigen, die mit dem Boden in Berührung kommt. Die Infektion kann sehr frühzeitig einsetzen, wenn die Beere noch vollkommen grün ist und erst $1/_3$ ihrer späteren Größe erreicht hat. Dann kommt es häufig zu einer völligen Deformierung der Frucht. Schreitet die Infektion nur langsam vor, so kann sich die obere Hälfte vollkommen normal ausbilden, und es entsteht das für die *Rhizoctonia*-Fäule charakteristische Bild. Sie tritt auf in Gestalt eines festen braunen Fleckes, dessen Farbe durch anhängende Bodenteilchen beeinflußt werden kann. Schnitte durch die Frucht lassen deutlich die Grenze erkennen, bis zu der die Fäulnis vorgedrungen ist. Zwischen gesundem und krankem Gewebe zeigt das Fleisch nur eine leicht verschossene hellbräunliche Farbe.

VI. Morphologie und Physiologie von Rhizoctonia solani K.

a) Die Entwicklungsformen.

Bei der Besprechung des Krankheitsbildes der Kartoffel sahen wir, daß einzelne auf der Wirtspflanze zu beobachtende Erscheinungen strenggenommen nicht als Krankheiten bezeichnet werden können. Sie stellen nicht Abweichungen von dem normalen Verlauf der Lebensvorgänge der Wirtspflanze dar, sondern lediglich bestimmte Entwicklungsstadien des in diesem Zustand nicht parasitären Pilzes. Wir lernten sie als Pockenkrankheit und als Filzkrankheit kennen; in der ersten tritt uns die Sklerotienform, in der zweiten die Basidienform des Pilzes entgegen. Beide sind verbunden durch die Hyphen, so daß ROLFS (1904) drei Entwicklungsstadien unterscheidet. Die Sklerotien sind nun freilich nichts anderes als zu einem kompakten Verband zusammengetretene Hyphen, so daß im Grunde nur von dem Vegetationskörper auf der einen Seite und den Fruktifikationsorganen auf der anderen Seite gesprochen werden kann. Da es sich aber um Gebilde von sehr verschiedenartigem und charakteristischem Gepräge handelt, die auch ganz verschiedenen funktionellen Aufgaben dienen, wollen wir die von ROLFS gewählte Trennung für ihre morphologische Beschreibung beibehalten.

Die Hyphen sind in jugendlichem Zustand stets hyalin und bleiben es auch, wenn sie in die Wirtsgewebe eindringen. Anderenfalls bräunen sie sich mit zunehmendem Alter mehr oder weniger stark. Der Farbstoff ist in der Zellmembran gelagert. Alte Hyphen zeigen häufig auch nach innen vorspringende, unregelmäßig knotige Wandverdickungen. Während die jungen Hyphen stark vakuolig sind, werden die älteren mehr gleichförmig granulär. Die für die Hyphenzellen angegebenen Maße gehen aus der folgenden Zusammenstellung hervor.

Tabelle 3. Zellenmaße von *R. solani* K.

	Durchmesser (in μ)	Länge (in μ)
ATKINSON (1895)	9—11	100—200
ROZE (1897)	10—15 bzw. 5—9[1]	—
FRANK (1897)	7—11 „ 6—9[1]	—
DUGGAR (1915)	8—12	100—200
PFLTIER (1916)	3,44—6,57	65,24—180,04
ROSENBAUM u. SHAPOVALOV (1917)	5—9 bzw. 10—14	—
MÜLLER (1924)	7—12,7	150—500
GRATZ (1925)	6,2—9,5	—
THOMAS (1925)	5,6—10,7	—
BRITON-JONES (1925)	5—10	100—200
BOURN u. JENKINS (1928)	5,5—12	50—225

[1] Im Innern der Knolle.

Wenn die Hyphen in die Wirtsgewebe eindringen, verringert sich, wie Frank und Roze festgestellt haben, ihr Durchmesser etwas. Die Maße variieren in beiden Dimensionen sehr stark, so daß Peltier zu dem Ergebnis kommt, daß sie nicht zur Unterscheidung von Rassen dieser Spezies herangezogen werden können, wie es später z. B. durch Rosenbaum u. Shapovalov geschehen ist. Die jungen Seitenhyphen bilden mit der Haupthyphe einen spitzen Winkel, während die älteren mehr rechtwinklig gestellt sind und dann häufig eine nach der Elternhyphe zu offene Kurve ausführen. Eine Eigentümlichkeit des *Rhizoctonia*-Myzels ist die scharfe Einschnürung der Seitenhyphe an ihrer Ansatzstelle, die bei älteren Hyphen allerdings nicht mehr so stark ausgeprägt ist. In einiger Entfernung von dieser wird die erste Querwand gebildet. Der Abstand beträgt nach Peltier (1916) 6,44—13,44 μ, nach K. O. Müller (1924) 20—30 μ, nach Atkinson (1895) 15—20 μ und nach Briton-Jones (1924) 10—15 μ.

Die Sklerotien sind uns vor allem von den Knollen der Kartoffel bekannt. Sie werden aber auch auf Stengeln, Wurzeln und Stolonen in der Nähe von Gewebe gebildet, das durch den Pilz zerstört ist. Auf der Mehrzahl der anderen Wirtspflanzen treten sie nur verhältnismäßig selten auf. Hedgcock (1904) hat sie in den Hülsen von *Phaseolus vulgaris* gefunden, Balls (1905) an den Stengeln von *Gossypium herbaceum*, Shaw (1912) auf *Arachis hypogaea* und *Vigna catjang*, Peltier (1916) auf *Dianthus caryophyllus*. Bertus (1927) berichtet, er habe sie auf *Zea mays* zwischen den Blattscheiden und den Stengeln der weiblichen Infloreszenzen bemerkt. Die Größe der Sklerotien wechselt außerordentlich stark, von Stecknadelkopfgröße bis zu 1 oder gar 2 cm Durchmesser. Peltier (1916) hat in Reinkulturen auf Erde sogar Sklerotien von 5 bis 6 cm Durchmesser erhalten. Auf der Kartoffelknolle können sie zusammenhängende Krusten bilden. Ihre Farbe ist dunkelbraun bis schwarz, was dazu führt, daß sie leicht übersehen oder auch gelegentlich mit anhängenden Bodenpartikeln verwechselt werden. Sie treten aber deutlich hervor, wenn die Knollen gewaschen werden. Als äußeres Kennzeichen der Sklerotien gibt Kühn zum Unterschied von *R. medicaginis* an, sie seien niemals mit einer Schicht von Hyphen bedeckt, sondern immer nackt und scharf umgrenzt und sehr zartwandig. Whetzel u. Arthur (1925) bezeichnen sie treffend als „diffuse and cruste-like". Ihr Gewebe zeigt keinerlei Differenzierung; eine Scheidung in Rinden- und Markschicht ist nicht zu beobachten, wohl aber große interzellulare Zwischenräume. Wenn man ein solches Sklerotium zerdrückt, so zerfällt es in dicht septierte, unregelmäßig dichotom verzweigte Hyphen, deren Zellen tonnenförmig gestaltet sind und eine Breite bis zu 40 μ besitzen.

Neben den Sklerotien treten noch andere vegetative Fortpflanzungsorgane auf. K. O. Müller (1924) gibt an, daß das Protoplasma, während es bei alten Myzelien in dem größten Teil der Zellen verschwindet, in einzelnen zunimmt, so daß die Zellen mit Reservestoffen vollgepfropft erscheinen. Diese gemmenartigen Gebilde besitzen die Fähigkeit, ebenso wie die Sklerotien längere Ruheperioden zu überdauern und auszukeimen. BALLS (1905) spricht von „resting-cells". Auch er sagt, daß diese viel von dem Protoplasma der nicht veränderten Zellen aufzunehmen schienen, da letztere leer und geschrumpft seien, während die resting-cells mit Protoplasma gefüllt seien. Die resting-cells erscheinen zunächst als weiße Pusteln, die später braun werden. BALLS sieht sie als identisch mit den von ATKINSON (1905) beschriebenen moniliformen Zellen an, die Konidienketten ähneln. Diese finden sich auf der Oberfläche von anfangs weißen, später braunen, aus dicht miteinander verwobenen Hyphen bestehenden und von ATKINSON als Sklerotien bezeichneten Gebilden. Es sind jedoch keine echten Konidien, da sie sich nicht leicht voneinander trennen lassen. WOLF (1914) bringt eine Abbildung von „Chlamydosporen". Dabei handelt es sich zweifellos um die gleichen Erscheinungen, die auch DUGGAR (1899) schon beschrieben hat. THOMAS (1925) nennt sie Pseudokonidien. In der übrigen Literatur werden sie meist als sklerotiale Zellen bezeichnet. Es kann keinem Zweifel unterliegen, daß in all diesen Fällen identische Gebilde gemeint sind. Wir werden später sehen, daß sie in engstem Zusammenhang mit der Bildung der Sklerotien stehen, so daß THOMAS (1925) geradezu meint, die Pseudosklerotien beständen aus durcheinandergewachsenen und anastomosierenden Pseudokonidienketten. Die Ausmaße dieser als Chlamydosporen oder Pseudokonidien bezeichneten Einzelzellen schwanken nach ROSENBAUM u. SHAPOVALOV (1917) zwischen $21,6 \times 12,3$ und $37,5 \times 16,7$, nach MATSUMOTO (1923) zwischen 21×9 und 40×27, nach GRATZ (1925) zwischen 19×11 und $32 \times 23\ \mu$.

Die höhere Fruchtform von *R. solani* erscheint als eine gräulichweiße, auch schwach cremefarbige, dünne, spinnwebartige Membran, die häufig die Stengelbasis der Wirtspflanze umgürtet. Vereinzelt ist sie auch auf Blättern gefunden worden (SHAW 1913 auf *Arachis hypogaea*). BURT (1926) gibt als Kennzeichen für *Corticium vagum* gegenüber *C. koleroga* und *stevensii* geradezu an, daß die Fruchtkörper sich auf der Oberfläche des Bodens finden oder hauptsächlich kleine, krautige Stengel nur wenige Zentimeter oberhalb des Bodens umhüllen und sich niemals auf der Unterseite von breiten Blättern in größerer Entfernung vom Boden ausbreiten. Daß sie in direktem Zusammenhang mit den aus den Sklerotien entstehenden Hyphen stehen, ist wiederholt beobachtet (ROLFS 1903, PETHYBRIDGE 1911) und auch durch Infektionsversuche nachgewiesen worden (RIEHM 1911, K. O. MÜLLER 1923). Die Membran ist 60—100 μ dick und 1—2 cm breit. Sie besteht aus oberflächlich auf der Wirtspflanze entlang wachsenden Hyphen mit locker verwobenen, häufig verzweigten kurzen Seitenhyphen, die das Hymenium darstellen. Ihre reichlich mit Protoplasma gefüllten Endzellen, die Basidien, tragen in der Regel vier Sterigmen; mitunter werden auch Basidien mit nur zwei oder mit sechs Sterigmen beobachtet. Letztere sind basidienwärts mehr oder weniger geschwollen. Die Basidiosporen sind gewöhnlich eiförmig, mit zugespitzter Basis, hyalin und glatt. ULBRICH (LINDAU-ULBRICH 1928) führt in seiner Kryptogamenflora *Corticium vagum*, wohl in Anlehnung an BURT (1926), lediglich als Synonym von *C. botryosum*, dem 6sporigen Rindenpilz, an. Die Sporen, meist 6, bezeichnet er als breit spindelförmig, an beiden Enden zugespitzt, was für *C. vagum* bestimmt nicht zutrifft.

Tabelle 4. Maße von Basidien, Sterigmen und Sporen.

	Basidien (in μ)	Sterigmen (in μ)	Sporen (in μ)
PRILLIEUX u. DELACROIX (1891)	$10{-}20 \times 18$	$3 \times 2{,}5$	10×6
ROLFS (1903)	—	—	10×6
BOURDOT u. GALZIN (1911) . .	$18{-}24 \times 9{-}12$	—	$7{-}12 \times 4{,}25{-}7$
SHAW (1913)	—	—	$10{-}12 \times 6{\text -}8$
MÜLLER (1924)	—	—	$9{,}31 \times 4{,}87$
BURT (1926)	$10{-}20 \times 7^{1}/_{2}{-}11$	$6{-}10$	$8{-}14 \times 4{\text -}6$
LINDAU-ULBRICH (1929)	$20{-}25 \times 8{-}10$	—	$7{-}9 \times 4$

Nach ROLFS (1904) sind reife Sporen nach dem Abfallen etwas größer, durchschnittlich $12 \times 8\,\mu$ (die größten 15×13, die kleinsten 9×6). Sie besitzen im ausgebildeten Zustand meist zwei Kerne. Die Länge dieser letzteren schwankt in den vegetativen Hyphen zwischen 1,8 und $2\,\mu$, ihre Breite zwischen 0,8 und $1,3\,\mu$, während der Nukleolus mit seinem Durchmesser gewöhnlich um $0,7\,\mu$ variiert (K. O. MÜLLER 1924).

b) Entwicklung, Kern- und Sexualitätsverhältnisse.

Nachdem ROLFS im Jahre 1903 die höhere Fruchtform des Pilzes gefunden hatte, war auch der Weg zu einem genaueren Studium seiner Entwicklung gewiesen. ROLFS ging so vor, daß er Stengel, auf denen der Pilz sein Hymenium gebildet hatte, über einer Agarschicht in einer Petrischale aufhängte und das Ganze mit einer sterilen Glocke bedeckte. Die Sporen fielen dann auf die Agarschicht und konnten hier keimen.

K. O. MÜLLER (1923) hat dieses Verfahren dann auch benutzt, um den Zusammenhang zwischen *R. solani* und *Hypochnus* bzw. *Corticium solani* experimentell nachzuweisen. Gebeizte, von Sklerotien freie Knollen wurden in sterilisierter Erde ausgelegt und darüber ein mit dem Hymenium besetztes Stengelstück befestigt, wobei darauf geachtet wurde, daß das sich entwickelnde Luftmyzel weder mit den Knollen noch mit der Erde in Berührung kam, so daß eine Infektion lediglich von den herabfallenden Sporen ausgehen konnte. An den Trieben zeigten

sich dann später die typischen *Rhizoctonia*-Schäden. In einer anderen
Versuchsserie wurde an der Stengelbasis der ausgewachsenen Stauden
der typische *Hypochnus*-Belag beobachtet. K. O. MÜLLER ist es schließlich auch, anscheinend als einzigem, geglückt, in künstlicher Kultur Basidienbildung zu erzielen. Zwar berichten auch SCHANDER u. RICHTER
(1923) über gute Sporenbildung bei Züchtung auf Rübennährboden. Im
Hinblick auf die vielfachen vergeblichen Bemühungen anderer Forscher
muß es aber befremdend wirken, daß die beiden Autoren nicht näher
auf das Außergewöhnliche dieses Vorganges eingegangen sind, so daß
der Verdacht irgendeiner Verwechslung nahe liegt.

Der Entwicklungsverlauf unseres Pilzes ist sehr eingehend von K. O.
MÜLLER (1924) untersucht worden, dessen Darstellung wir auch im
wesentlichen folgen. Sonst finden sich nur wenige Hinweise in der Literatur. Insbesondere ist K. O. MÜLLER auch der einzige, der den Pilz
karyologisch genau studiert hat. Die Keimung der Sporen erfolgt sehr
unregelmäßig. Manche keimen bereits nach wenigen Stunden, ohne daß
eine Teilung der Kerne stattgefunden hat. Andere zeigen keinerlei Veränderungen oder aber ihre Kernzahl hat sich auf vier erhöht, trotzdem
keinerlei Ansatz zur Bildung des Keimschlauches zu erkennen ist. Die
meist am apikalen Ende keimende Spore bildet in der Regel nur einen
einzigen Keimschlauch, vereinzelt sind auch zwei beobachtet worden.
Ihre Gestalt hängt von den Ernährungsbedingungen ab. Bei geringer
Nährstoffkonzentration erreicht er den normalen Hyphendurchmesser
erst 10—15 mm von der Spore entfernt, während er bei reichlicher Ernährung fast von der Ansatzstelle an gleichmäßig dick ist. Gewöhnlich
wandern alle Kerne in den jungen Keimschlauch; häufig werden aber
auch Sporen gefunden, in denen einer der beiden Kerne zurückbleibt.
Die Teilungsstadien werden bei fortschreitender Entwicklung der Hyphe
schnell durchlaufen. Bis zum Achtkernstadium werden abweichende
Kernzahlen selten beobachtet, darüber hinaus sind vielfach größere Unregelmäßigkeiten festzustellen. Hat der Keimschlauch, der nur verhältnismäßig langsam wächst, eine gewisse Länge erreicht, so werden Seitenzweige gebildet. Diese Verzweigung setzt etwa am 3. Tage ein. Die Einwanderung der Kerne in die Tochterhyphen erfolgt erst, wenn letztere
bis zu einer bestimmten Größe herangewachsen sind. Die Bildung von
Querwänden tritt ebenfalls erst nach 3—4 Tagen ein, wenn eine oft 40
überschreitende Kernzahl zu finden ist. ROLFS (1904) gibt allerdings an,
gelegentlich auch während der ersten beiden Tage Septen beobachtet zu
haben. Sie werden in der Nähe der Hyphenspitze angelegt und trennen
spitzenwärts eine Zelle mit einer größeren Anzahl Kerne ab. Die Tochterhyphen werden meist von der vorletzten Zelle der Mutterhyphe entwickelt. Nach 4—5 Tagen zeigen die Hyphen den charakteristischen
Habitus des *Rhizoctonia*-Myzels.

Ältere Haupthyphen bilden zwei verschiedene Formen von Tochterhyphen, die sich freilich nicht scharf trennen lassen. Die einen wachsen nach Ausführung eines Bogens in zentrifugaler Richtung mehr oder weniger geradlinig fort, weisen bald die Zellengröße ihrer Mutterhyphe auf und erreichen infolge ihrer großen Wachstumsgeschwindigkeit mit ihren Spitzen schnell den Rand des Myzels. Die anderen breiten sich in unregelmäßigen Krümmungen aus, haben viel kürzere Zellen (40—120 μ) und bleiben bei dem langsamen Wachstum ihrer Spitzenendzellen und der stetigen Ausbreitung des Pilzmyzels immer nur in dessen älteren Teilen. K. O. MÜLLER bezeichnet die beiden Typen als Lang- und Kurzhyphen.

Die Zellen der Langhyphen variieren in ihrer Größe im allgemeinen nur innerhalb enger Grenzen; oft lassen sich aber auch sprungweise Änderungen feststellen, dergestalt, daß Serien von größeren Zellen mit solchen von kleineren abwechseln. Die gleiche Erscheinung läßt sich in den Kernzahlen beobachten. Durchschnittlich enthalten ältere Zellen 16,09 ± 0,63, jüngere 16,03 ± 0,67 Kerne. Oft ändert sich ihre Zahl aber auch innerhalb eines Zellenzuges sprunghaft. K. O. MÜLLER hat den Korrelationskoeffizienten zwischen Zellgröße und Kernzahl mit + 0,824 ± 0,036 berechnet, was deutlich die Kernplasmarelation beweist. Wie hiernach zu erwarten, besitzen die Kurzhyphen erheblich niedrigere

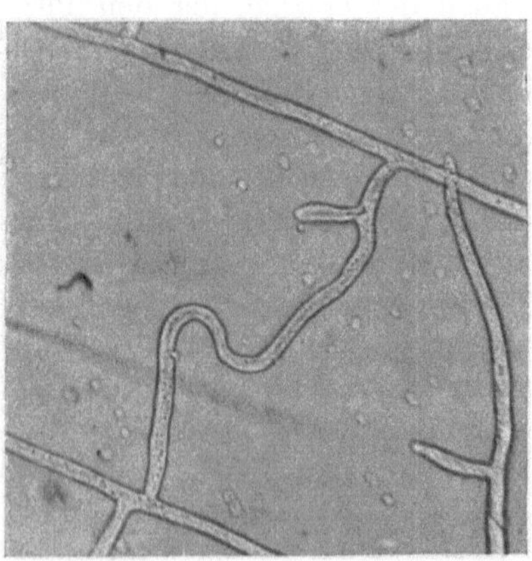

Abb. 11. Anastomosenbildung bei *R. solani* 1:450.

Kernzahlen; sie schwanken zwischen 4 und 9.

Zwischen den Hyphen ganz junger Keimmyzelien sowie vor allem zwischen den Kurzhyphen treten zahlreiche Anastomosen auf, während die Langhyphen infolge der geringeren Dichte der peripher gelegenen Myzelteile weniger dazu neigen. Diese Anastomosenbildung ist von KÖHLER (1929) eingehend beschrieben worden. Er unterscheidet zwischen Korrespondenzhyphenbildung und Hyphenanziehung. Die erste Form läßt sich bei *R. solani* nur selten beobachten; nur die Endzellen noch wachsender Hyphen scheinen zu ihr befähigt zu sein. Die zweite dagegen tritt besonders häufig auf. Zwei Hyphen miteinander entgegengesetzter Wachstumsrichtung üben einen anziehenden Einfluß aufeinander aus. Sie krümmen sich hakenförmig gegeneinander ein, so daß eine charakteristische S-Form zustande kommt (Abb. 11). Schließlich stoßen sie aufeinander und fusionieren. Unter Umständen kann sich die Ablenkung auch nur bei einer der beiden anastomosierenden Hyphen bemerkbar machen. Ebenso können benachbarte Hyphenspitzen durch schmale Fortsätze miteinander in Verbindung treten. Aber nicht nur Hyphenspitzen, sondern auch rückwärtige Zellen können einen richtunggebenden Reiz ausüben. KÖHLER bringt eine ganze Reihe Beispiele dafür. Anastomosen treten sowohl innerhalb ein und desselben Myzels auf als auch zwischen Myzelien verschiedener Herkunft. MATSUMOTO (1924) meint allerdings, daß Anastomosenbildung leichter erfolgt zwischen Stämmen, die von derselben Wirtsspezies, als zwischen solchen, die von verschiedenen isoliert sind[1]. Die Beobachtung der Hyphenfusion zwischen Myzelien verschiedener Herkunft ist deshalb von so großer Bedeutung,

---

[1] Während der Drucklegung erschien die 2. Mitteilung von KÖHLER (1930) über vegetative Anastomosen der Pilze, in der er über Untersuchungsergebnisse zu der Frage berichtet, ob zwischen artverschiedenen Myzelien vegetative Fusionen zustande kommen können. KÖHLER unterscheidet zwei Phasen der Anastomosenbildung, den einleitenden Wachstumsvorgang, der die fusionierenden Hyphen einander näher bringt, und den Fusionsvorgang im engeren Sinne, der zur Auflösung der beiderseitigen Membranen an der Berührungsstelle und damit zur offenen Plasmafusion führt. Der erste dieser Prozesse kann sich auch zwischen artverschiedenen Pilzen abspielen und zwar nicht nur zwischen Arten der gleichen Gattung, sondern auch zwischen solchen verschiedener Gattungen. Die Reaktionen verlaufen allerdings zwischen artverschiedenen Myzelien bei weitem nicht so intensiv wie zwischen artgleichen. Wesentlich stärker noch ist die zweite Phase des Fusionsvorganges gehemmt. In keinem Fall konnte KÖHLER breite deutlich erkennbare Fusionskanäle beobachten. Diese Befunde sind möglicherweise für die Klärung des Speziesbegriffes innerhalb der Gattung *Rhizoctonia* von weittragender Bedeutung. Wir haben früher dargelegt, wie schwierig mit Sicherheit zu entscheiden ist, was als zu der Spezies *R. solani* gehörig anzusehen ist. In neuester Zeit hat nun FORSTENEICHNER Untersuchungen über Keimlingskrankheiten der Baumwolle in Anatolien angestellt, deren Ergebnisse er mir liebenswürdigerweise schon jetzt zur Verfügung gestellt hat. FORSTENEICHNER hat als Erreger der typischen damping off- oder sore-shin-Erscheinung einen Pilz isoliert, der weder mit *R. solani* von Kartoffel noch mit dem ägyptischen „Sore-shin-Pilz" von Baumwolle noch mit einem als *R. solani* bezeichneten, durch WOLF in Alabama (U. S. A.) von Baumwolle isolierten Pilz Anastomosen bildete. Solche waren auch nicht zu beobachten zwischen der Kartoffelherkunft einerseits und den Baumwollherkünften aus Ägypten und Alabama andererseits, wohl aber zwischen den beiden letzteren. Wenn die von KÖHLER bisher für 14 Spezies und 5 verschiedene Gattungen nachgewiesene Befähigung jeder Art, spezifische Reize auszusenden und nur auf diese mit normaler Intensität zu reagieren, allgemein im Pilzreich verbreitet ist, so wäre den Untersuchungen FORSTENEICHNERS zu entnehmen, daß die als Erreger der „sore-shin-Krankheit" der Baumwolle in Alabama und Ägypten isolierten Pilze untereinander identisch sind, dagegen nicht mit *R. solani* und daß in Anatolien noch ein zweiter von dem bisher gefundenen verschiedener Erreger dieser Krankheit vorkommt. Auch die später mitgeteilten Beobachtungen von MATSUMOTO würden dann eine andere Deutung erfahren müssen. Die bislang angenommene Plurivorie von *R. solani* würde vielleicht weitgehend eingeschränkt werden müssen und damit mancherlei einander widersprechende Angaben zwanglos ihre Erklärung finden.

weil, wie MÜLLER gezeigt hat, auf diese Weise ein Kernübertritt von einer Hyphe in die andere vermutlich sehr leicht möglich ist. Demnach können höchstwahrscheinlich auch Kernübertritte zwischen Pilzstämmen verschiedener erblicher Konstitution stattfinden, und damit ist die Möglichkeit zu Aufspaltungserscheinungen im MENDELschen Sinne gegeben.

Die Zellenvermehrung erfolgt anscheinend nur bei den Endzellen der Hyphen. Schon BALLS (1908) gibt an, daß das Wachstum völlig apikal zu sein scheine und niemals interkalar. Die apikale Wachstumszone sei sehr klein, nicht mehr als $5\,\mu$ lang. Die Kernzahlen in den Endzellen schwanken zwischen 8 und 45; zahlreiche Kernteilungsfiguren werden beobachtet. Die erwähnte Konstanz der Kernzahl innerhalb eines Zellzuges ist dadurch gesichert, daß sich in der Spitzenzelle die Kerne gleichzeitig teilen und jede der durch die Bildung einer Querwand neu entstehenden Zellen die Hälfte der Tochterkerne erhält. Die Verteilung dieser erfolgt aller Wahrscheinlichkeit nach derart, daß in jede Tochterzelle je ein Tochterkern jedes primären Kernes wandert. Änderungen in der Kernzahl können auf verschiedene Weise zustande kommen. So kann bei einem oder mehreren Kernen die Teilung unterbleiben oder die Querwand wird vor Beendigung der Teilung aller Kerne gebildet oder die Kerne werden ungleich auf die Tochterzellen verteilt.

Unter bestimmten Bedingungen werden an einzelnen Stellen des Myzels in stärkerem Maße Kurzhyphen gebildet, die sich zu Büscheln anhäufen. In diesen Kurzhyphen treten zahlreiche Querwände auf, wodurch eine ganze Reihe kurzer Zellen entstehen, die sich weiterhin abrunden und tonnenförmige Gestalt annehmen. Wenn die Hyphen älter werden, bräunen sie sich und zerbrechen leicht in kurze Hyphenenden oder auch Einzelzellen, die eine gewisse Ähnlichkeit mit Konidien aufweisen und die Funktion dieser auch ausüben können. Durch weitere Verzweigung dieser Kurzhyphen und Bildung immer neuer, die durcheinander wachsen und zahlreiche Anastomosen miteinander eingehen, entsteht schließlich ein kompakter pseudoparenchymatischer Myzelkörper, der als Sklerotium bezeichnet wird. Ein solches Sklerotium hat demnach zunächst ein weißes, flockiges Aussehen und wird allmählich dunkelbraun. Die Bildung setzt durchschnittlich nach 5—12 Tagen ein; sie wird aber, wie wir noch sehen werden, durch die verschiedensten Faktoren beeinflußt. In feuchtigkeitsgesättigter Atmosphäre oder auch in Wasser vermögen sowohl sklerotiale Zellen wie auch die Zellen der Sklerotien, die ja im Grunde miteinander identisch sind, auszukeimen. Durch eine Querwand wird dann ein Keimschlauch vorgetrieben, der, wenn mehrere Zellen zusammenhängen, durch die Nachbarzelle hindurchwachsen kann. Ist er 10—$20\,\mu$ lang, so hat er seine endgültige Dicke erreicht und bildet die erste Querwand.

Geht das vegetative Myzel zur Basidienbildung über, so senden die Langhyphen kurzseptierte Tochterhyphen aus, die sich, häufig dichotom, verzweigen, sich locker miteinander zu dem Hymenium verweben und an ihren Endzellen kurze zylindrische Basidien mit vier Sterigmen entwickeln. An den Tragzellen der Basidien können Tochterhyphen entstehen, die wiederum zur Basidienbildung befähigt sind. Dieser Vorgang kann sich mehrmals wiederholen und führt im Verein mit den benachbarten Hyphensystemen zur Ausbreitung des Hymeniums. Seine Zellen sind stets zweikernig. Die sich bei ihrer Abzweigung abspielenden Kernteilungsvorgänge haben sich bisher nicht beobachten lassen. Da MÜLLER aber häufig zweikernige Hymenienzellen unmittelbar abgezweigt von Langhyphen mit hohen Kernzahlen gesehen hat, hält er eine allmähliche Kernverminderung, wie HIRMER sie bei *Psalliota campestris* gefunden hat, für unwahrscheinlich. In der Basidie verschmelzen die beiden primären Kerne zum sekundären Basidienkern. Seine weitere Entwicklung bis zum Vierkernstadium konnte ebenfalls bisher nicht verfolgt werden. Die Basidie schwillt inzwischen schwach keulenförmig an. Während des Vierkernstadiums werden die Sterigmen als blasenförmige Ausstülpungen angelegt. Nachdem sie eine bestimmte Länge erreicht haben, schwellen sie an der Spitze kugelig an und entwickeln die Sporen. In der Basidie finden sich nie mehr als vier Kerne. MÜLLER glaubt sich daher, wenn er auch den Vorgang nicht hat beobachten können, zu der Annahme berechtigt, daß aus der Basidie in jede Spore je ein Kern wandert, der sich vermutlich meistenteils teilt, während die Spore noch mit dem Sterigma in Verbindung steht. Damit ist der Entwicklungszyklus geschlossen.

R. solani zeigt also normale Basidienbildung: Verschmelzung der beiden primären Basidienkerne, zwei kurz aufeinanderfolgende Teilungen des Verschmelzungskernes, Einwanderung je eines der vier entstandenen Kerne in jede Basidiospore, sofortige Teilung des Kernes in der Spore, so daß die reife Spore meist zwei Kerne enthält. Die weitere Entwicklung verläuft abweichend von der für die Mehrzahl der Basidiomyceten beobachteten.

Wir unterscheiden bekanntlich zwischen monözischen und diözischen Formen. Bei den letzteren, zu denen der größere Teil der Basidiomyceten gehört, ist das Myzel, das sich aus der Spore entwickelt, einkernig oder haploid. Isolierte Keimmyzelien bleiben solange im haploiden Zustande, bis Kopulation zwischen zwei geeigneten Haplonten durch Anastomosenbildung eintritt. Damit beginnt die Paarkern- oder Diplophase, die nun durch Schnallenbildung bis zur Karyogamie erhalten wird. Außer diesen diözischen Formen gibt es, wenn auch in geringerer Zahl, gemischtgeschlechtige oder monözische, bei denen die Paarkernphase auch in Kulturen erhalten wird, die von einer Basidiospore ausgehen und ständig isoliert bleiben. Der Entwicklungsgang kann hier wiederum mancherlei Besonderheiten aufweisen. Das gesamte vegetative Myzel von der Spore bis zur Basidie ist zweikernig (*Hypochnus terrestris*); nur die Basidie ist zweikernig, sämtliche anderen Zellen dagegen sind einkernig (*Typhula*); die Spore ist zweikernig, das aus ihr sich entwickelnde Myzel ständig vielkernig oder nach einer gewissen Zeit in die Paarkernphase übergehend, die Basidie zweikernig.

Der letztere Entwicklungstyp ist derjenige, den wir bei *R. solani* kennengelernt haben. Wann bei diesen Formen, bei denen der Übergang von der Haplophase zur Diplophase auf dem Wege über vielkernige Zellen erfolgt, die eine Phase aufhört und die andere anfängt, läßt sich nicht mit Sicherheit entscheiden; denn die Paarkernphase braucht, worauf KNIEP (1928) hinweist, nicht erst dann anzufangen, wenn pro Zelle nur ein Kernpaar vorhanden ist, sondern in einer Zelle können auch mehrere Kernpaare vorhanden sein. Der oben geschilderte synchrone Verteilungsvorgang läßt das auch in den vielkernigen Zellen von *R. solani* als durchaus möglich, wenn nicht wahrscheinlich erscheinen. Einen Anhaltspunkt könnte das Auftreten von Schnallen bilden, die ja in erster Linie der paarweisen Verteilung der Kerne dienen; sie sind aber bei *R. solani* nie beobachtet worden, auch dann nicht, wenn Myzelien verschiedener Herkunft auf einer Agarplatte paarweise gezogen wurden. Diese letztere Beobachtung hat K. O. MÜLLER auch zu der Annahme veranlaßt, daß unser Pilz monözisch sei. Den Beweis für die Richtigkeit dieser Annahme sieht er darin, daß es ihm gelungen ist, Einspormyzelien zur Bildung von Hymenien mit äußerlich normalen Basidien zu bringen. KNIEP (1928) hält diesen Beweis zwar nicht für absolut sicher, da die Basidien nicht zytologisch untersucht seien und es daher nicht ausgeschlossen sei, daß der Pilz in diesem Falle seine ganze Entwicklung in der Haplophase durchmache, glaubt aber im übrigen auch, daß der Pilz monözisch ist.

c) Äußere Entwicklungsfaktoren.

Die Entwicklung eines Organismus ist an eine Reihe von Bedingungen geknüpft, die wir im allgemeinen als äußere und als innere Entwicklungsfaktoren bezeichnen. Unter den äußeren Faktoren sind für *R. solani* Ernährung, Reaktion des Nährsubstrates, Temperatur und Luftzusammensetzung eingehender untersucht. Ihr Studium ist dadurch sehr erleichtert, daß der Pilz sich unschwer in Reinkultur bringen läßt. Man kann dazu sowohl natürliche Nährböden benutzen, als auch synthetische Nährlösungen.

Als Kriterium für das Wachstum des Pilzes unter den verschiedensten Bedingungen kann man mehrere Maßstäbe benutzen. Man kann quantitativ oder qualitativ vorgehen. Ersteres geschieht durch Wiegen der auf Nährlösungen gebildeten Myzeldecke oder Messen der in der Zeiteinheit erreichten Wachstumsgeschwindigkeit, während letzteres sich der Beurteilung der Myzeldicke und des Auftretens von Sklerotien bedient. Dazu treten dann noch besondere Eigentümlichkeiten, wie die

Zonenbildung (Abb. 12), die Verfärbung des Myzels und der Sklerotien, sowie als sekundäre Erscheinung die Verfärbung des Nährmediums. Nach Möglichkeit wird man mehrere Merkmale heranziehen, einerseits um sicherer zu gehen, andererseits weil der Pilz, wie wir später sehen werden, nicht in allen Lebensäußerungen gleichsinnig reagiert.

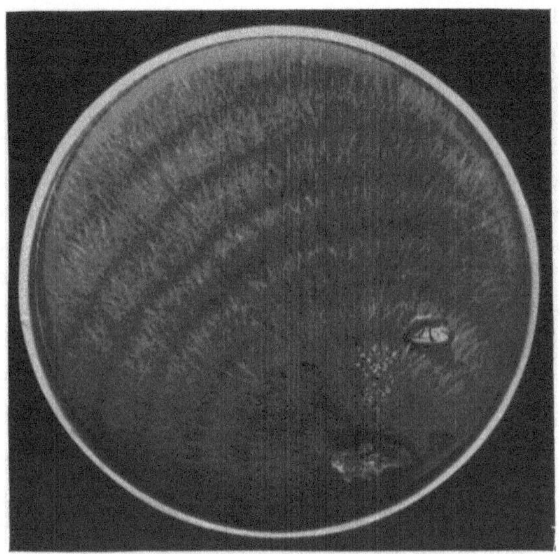

Abb. 12. Zonenbildung bei *R. solani.*

1. Ernährung.

Gutes Wachstum erzielt man auf sterilisierten Stengelstückchen von Kartoffeln und anderen krautartigen Pflanzen. Hier ist auch häufig Sklerotienbildung zu beobachten. Auch Zweigstückchen von Roßkastanie, Kiefer und Ahorn haben sich als geeignetes Nährsubstrat erwiesen. Weiter sind Reis, Bohnenstengel und -hülsen, Sellerie-, Zuckerrüben-, Möhren- und Kartoffelknollenstückchen benutzt worden, auf denen sehr üppige Myzelbildung eintritt. Auch auf Milch ist der Pilz mit gutem Erfolg gezüchtet worden (BRITON-JONES 1925). Als natürliche Nährlösungen hat man Dekokt von Kartoffelblättern und von humusreichen Erdproben verwandt. Hier bildet sich auf der Oberfläche der Nährlösung eine Myzeldecke, die sich allmählich bräunt und im ersten Falle pseudoparenchymatische Struktur annimmt. Sklerotien werden auf beiden Medien gebildet, auf Blattdekokt mehr als auf Erddekokt. Ebenso wächst der Pilz auf Malzextrakt, Bierwürze- und Bouillonlösung.

Weit größerer Beliebtheit erfreuen sich diejenigen Nährböden, die aus einer durch Zusatz von Agar gefestigten natürlichen Nährlösung bestehen. Hier steht an erster Stelle der Kartoffelpreßsaft. Daneben sind benutzt Rübensaft, Aufkochungen von Maismehl, grünen Bohnen, Hafer, Pflaumen. Diesen natürlichen Nährlösungen werden häufig noch einzelne Stoffe zugesetzt, wie Glukose, Eiweiß und ähnliches.

Alle bisher genannten Nährmedien haben den Nachteil, daß man ihre Zusammensetzung nicht genau kennt. Dem entgeht man durch Verwendung synthetischer Nährlösungen; den Übergang zu diesen bilden bereits die zuletzt genannten Nährsubstrate. Von einer Aufzählung der allgemein gebräuchlichen Nährlösungen können wir hier absehen. Einen wichtigen Hinweis für die Ernährungsphysiologie von *R. solani* liefern die Untersuchungen von YOUNG u. BENNETT (1922), denenzufolge der Pilz in RICHARDS Nährlösung (p_H = 4,2) nur wuchs, wenn Kaliumnitrat durch Kalziumnitrat ersetzt wurde, während ein Zusatz von 5 mg Zinksulfat zu 50 cm³ Nährlösung das Wachstum vollkommen verhinderte. Eine große Reihe weiterer Nährlösungen hat K. O. MÜLLER (1924) auf ihre Eignung für die Reinkultur von *R. solani* geprüft, um festzustellen, welche Energie- und Stickstoffquellen der Pilz auszunutzen vermag. Die Ergebnisse seiner Untersuchungen, die sämtlich mit demselben Stamm durchgeführt worden sind, sind in Tabelle 5 zusammengestellt.

Tabelle 5. Das Wachstum von R. solani in synthetischen
Nährlösungen (nach K. O. MÜLLER 1924).

Energiequelle		Stickstoffquelle		Ent-wicklung	Decken-bildung
Bezeichnung	Konzen-tration %	Bezeichnung	Konzen-tration %		
Glukose	2	Kaliumnitrat . . .	0,5	+ +	+ +
Glukose	2	Kaliumnitrit . . .	0,1	+	+
Glukose	2	Ammoniumsulfat .	0,5	+	±
Glukose	2	Ammoniumnitrat .	0,5	+	±
Glukose	2	Glykokoll	0,5	+ +	+ +
Glukose	2	Alanin	0,5	+ +	+ +
Glukose	2	Leucin	0,5	+ +	+ +
Glukose	2	Tyrosin	0,5	+ +	+ +
Glukose	2	Asparagin	0,5	+ +	+
Glukose	2	Asparaginsaures Natrium	0,5	+ +	+
Glukose	2	Harnstoff	0,2	+	±
Glukose	2	Hippursäure	0,1	−	−
Glukose	2	Guanidinkarbonat .	0,2	−	−
Glukose	2	Glutaminsäure . . .	0,1	−	−
Glukose	2	Solanin	0,2	−	−
Glukose	2	Seidenpepton . . .	0,1	+ +	+
Glukose	2	Gelatine	7	+ +	
d-Fruktose	2	Kaliumnitrat . . .	0,5	+ +	+ +
d-Fruktose	2	Ammoniumsulfat. .	0,5	+	±
d-Galaktose	2	Kaliumnitrat . . .	0,5	+ +	+ +
d-Galaktose	2	Ammoniumsulfat .	0,5	+	±
Saccharose	2	Kaliumnitrat . . .	0,5	+ +	+ +
Saccharose	2	Ammoniumsulfat .	0,5	+	+
Laktose	2	Kaliumnitrat . . .	0,5	+ +	+
Laktose	2	Ammoniumsulfat .	0,5	+	±

Tabelle 5 (Fortsetzung).

Energiequelle		Stickstoffquelle		Ent-wicklung	Decken-bildung
Bezeichnung	Konzen-tration %	Bezeichnung	Konzen-tration %		
Maltose	2	Kaliumnitrat . . .	0,5	+ +	+ +
Maltose	2	Ammoniumsulfat. .	0,5	+	±
d-Mannose.	1	Kaliumnitrat . . .	0,5	+ +	+ +
d-Mannose.	1	Ammoniumsulfat .	0,5	+	±
Trehalose	1	Kaliumnitrat . . .	0,5	+ +	+ +
Zellobiose	1	Kaliumnitrat . . .	0,5	+ +	+
Raffinose	1	Kaliumnitrat . . .	0,5	+ +	+ +
Raffinose	1	Ammoniumsulfat. .	0,5	+	+
Diamylose.	0,2	Kaliumnitrat . . .	0,5	+ +	+
Triamylose	0,2	Kaliumnitrat . . .	0,5	+ +	+
Tetraamylose . . .	0,2	Kaliumnitrat . . .	0,5	+ +	+
Arbutin	0,3	Kaliumnitrat . . .	0,5	+ +	+
Salicin	0,1	Kaliumnitrat . . .	0,5	+ +	+
Äsculin	0,3	Kaliumnitrat . . .	0,5	+ +	+
Amygdalin	0,3	Kaliumnitrat . . .	0,5	+ +	+
Inulin	1	Kaliumnitrat . . .	0,5	+	+
Stärke	5	Kaliumnitrat . . .	0,5	+ +	
Pektin	1	Kaliumnitrat . . .	0,5	+ +	+
Zellulose	—	Kaliumnitrat . . .	0.5	+	
l-Xylose.	1	Kaliumnitrat . . .	0,5	+ +	+ +
l-Xylose.	1	Ammoniumsulfat. .	0,5	+	+
l-Arabinose	1	Kaliumnitrat . . .	0,5	+ +	+ +
l-Arabinose	1	Ammoniumsulfat. .	0,5	+	±
Isodulcit	0,5	Kaliumnitrat . . .	0,5	+ +	+
Dulcit	0,5	Kaliumnitrat . . .	0,5	+	+
d-Mannit	0,5	Kaliumnitrat . . .	0,5	+ +	+
d-Glukonsaures Ka-lium	1	Kaliumnitrat . . .	0,5	÷ +	+
d-Zuckersaures Ka-lium (Neutralsalz)	1	Kaliumnitrat . . .	0,5	+ +	+
Saccharinsaures Ka-lium	1	Kaliumnitrat . . .	0,5	—	—
Isosaccharinsaures Kalium	1	Kaliumnitrat . . .	0,5	—	—
Ameisensaures Na-trium	1	Kaliumnitrat . . .	0,5	—	—
Essigsaures Kalium.	1	Kaliumnitrat . . .	0,5	+	±
Buttersaures Kalium	0,5	Kaliumnitrat . . .	0,5	—	—
Milchsaures Kalium	0,5	Kaliumnitrat . . .	0,5	+	—
Zitronensaures Ka-lium	0,5	Kaliumnitrat . . .	0,5	—	—
Weinsaures Kalium .	0,5	Kaliumnitrat . . .	0,5	—	—
Oxalsaures Kalium .	0,2	Kaliumnitrat . . .	0,5	—	—
Methylalkohol . . .	0.6	Kaliumnitrat . . .	0,5	±	..
Äthylalkohol. . . .	0,7	Kaliumnitrat . . .	0,5	+ +	+
Glyzerin.	1	Kaliumnitrat . . .	0,5	+ +	+
Glyzerin.	1	Ammoniumsulfat .	0,5	±	—
Glykokoll	0,5			+	—
Alanin	0,5			±	-
Leucin	0,5			±	..

Zeichenerklärung:

+ + = üppige, + = gute, ± = geringe, — = keine Entwicklung.

Die unterschiedliche Entwicklung und Deckenbildung läßt ohne weiteres die größere oder geringere Eignung der verschiedenen Energie- und Stickstoffquellen zur Ausnutzung durch den Pilz erkennen. Als weitere verwertbare Stickstoffquellen haben sich in den Versuchen von Matsumoto (1921) Kasein und Legumin erwiesen. Dieser Autor kommt zu dem Ergebnis, daß im allgemeinen das Wachstum des Myzels stärker beeinflußt wird durch Änderungen in der Kohlehydrat- als durch solche der Stickstoffversorgung.

Besonderen Hinweis verdient die toxische Wirkung des unter bestimmten Bedingungen reichlich in der Kartoffel gebildeten Solanins, die einwandfrei dadurch erkennbar wurde, daß das Wachstum des Pilzes auch in Lösungen, welche ausreichend Nährstoffe wie Kaliumnitrat in Verbindung mit Glukose oder Malzextrakt enthielten, vollkommen sistiert war. Das gleiche scheint auch für Tannin zuzutreffen, wie einer Arbeit von Cook u. Taubenhaus (1911) zu entnehmen ist[1].

Hier sei auch kurz auf die als „staling" oder „staleness" bekannte Erscheinung hingewiesen, die darin besteht, daß nach einer bestimmten Zeit die Ausbreitungsgeschwindigkeit einer Pilzkolonie zurückgeht und schließlich sehr klein wird oder ganz aufhört. Gleichzeitig treten häufig ganz charakteristische Anomalien auf. Balls (1908) berichtet über „staleness" bei seinen Temperaturversuchen mit *R. solani*. Er glaubt, daß es sich um eine Art „self-poisoning" handelt, die durch Anhäufung von schädlichen Stoffwechselprodukten zustande kommt. Wir werden später näher darauf eingehen. Neuerdings gibt Matsumoto (1923)[1] an, er habe das staling-Phänomen bei *R. solani* beobachtet. So fand er, daß der Pilz bei 33⁰ C auf einer bestimmten Menge Nährsubstrat am 5. Tage nach gleichmäßiger Entwicklung sein Wachstum einstellte. Wurde die Nährlösung mit sterilem Wasser verdünnt und neu beimpft, so setzte wieder normale Entwicklung ein, während auf Nährsubstrat ohne diese Behandlung kein Wachstum festzustellen war. Er spricht nun von der zerstörenden Wirkung der toxischen Substanzen auf „staled"-Lösungen. Sie war deutlicher, wenn die Kulturen das Filtrat eines von einem differenten Pilzstamm besiedelten Mediums enthielten. Die toxischen Substanzen konnten durch Erhitzen unwirksam gemacht werden und das Wachstum des Pilzes wurde dann sogar gefördert, vorausgesetzt, daß keine neuen Nährstoffe wieder zugesetzt wurden.

K. O. Müller gibt ferner an, daß der Pilz Gelatine und Stärke verflüssigt habe, demnach proteolytische und diastatische Enzyme besitze. Der erste, der ein Enzym bei *R. solani* nachgewiesen hat, ist Wolf (1914) gewesen. Preßsaft, der aus *Rhizoctonia*-faulen Früchten von *Solanum melongena* gewonnen war, sowie Extrakte aus von diesen isoliertem Myzel führten zu vollkommener Zersetzung von Gewebestücken der Wirtspflanze, während Möhre, Kartoffel und Birne nicht angegriffen wurden. Die Zerstörung ging in der Weise vor sich, daß die Mittellamelle aufgelöst wurde, während die Zellen selbst intakt blieben. Es handelt sich also

---

[1] Leider stand mir die Arbeit nur in einem Referat zur Verfügung.

um das Enzym Pektinase, das aber spezifische Wirkung hat, da es nur die ursprüngliche Wirtspflanze des Parasiten angreift. Weitere Untersuchungen über die enzymatischen Fähigkeiten von *R. solani* verdanken wir Matsumoto (1921—1924). Von Carbohydrasen hat er neben Diastase auch Invertase und Maltase nachweisen können, während Laktase vermutlich nur in geringen, schwach wirkenden Mengen vorhanden ist und Inulase überhaupt nicht gefunden ist. Dagegen besitzt der Pilz Zellulase. Ebenso muß er die Glykosidase Emulsin enthalten, da Amygdalin langsam, aber deutlich gespalten wurde. Die Hydrolyse von Gelatine, Fibrin und Eialbumin läßt das Vorkommen von verschiedenen Proteasen erkennen.

Abgesehen von der unterschiedlichen Ausnutzungsmöglichkeit der verschiedensten Nährstoffe durch den Pilz hängt seine Entwicklung auch von der Nährstoffkonzentration ab. Während die Entwicklungsgeschwindigkeit des Myzels innerhalb weiter Grenzen die gleiche bleibt, nimmt die Dichte des Myzels und die Zahl der Sklerotien mit steigender Konzentration zu (K. O. Müller 1924). Dagegen übt die osmotische Konzentration auch auf die Entwicklungsgeschwindigkeit einen großen Einfluß aus, während morphologische Veränderungen in Gestalt von Involutionsformen nur vereinzelt bei sehr starker Steigerung der osmotischen Konzentration zu

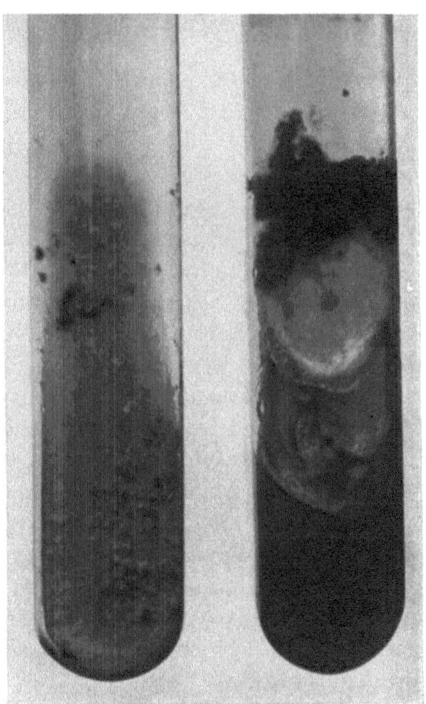

Abb. 13. Sklerotienbildung bei *R. solani*. Links ohne Zusatz von Milchsäure (Nährboden fest), rechts mit Zusatz von Milchsäure (Nährboden weich).

beobachten sind (K. O. Müller 1923). Briton-Jones (1925) beobachtete, daß der Pilz auf frischem Nährboden 2 mm große Sklerotien auf der Oberfläche bildete, während auf ausgetrocknetem nur flockiges Myzel oder einzelne Gruppen von sklerotialen Zellen sich zeigten. Die gleiche Erscheinung fand ich bei zwei Kulturen desselben Stammes, die unter absolut gleichen Bedingungen herangezogen waren, abgesehen davon, daß in dem einen Falle dem Kartoffelsaftagar noch 2% Milchsäure zugesetzt waren. Dieser Zusatz hatte bewirkt, daß das Medium nur mangelhaft fest geworden und die Sklerotienentwicklung bedeutend üppiger war (Abb. 13). Worauf die unterschiedliche Sklerotienbildung im einzelnen zurückzuführen ist, muß dahingestellt bleiben. Einen Hinweis bietet aber möglicherweise ein Versuch von Briton-Jones (1925), bei dem Kulturen unter verschieden hoher Luftfeuchtigkeit gehalten wurden. Bei niedriger Luftfeuchtigkeit entwickelte der Pilz nur flockiges Myzel, bei hoher dagegen dunkelbraune Sklerotien im Durchmesser von 1—2 mm. Für die Sklerotienbildung scheint demnach die Luftfeuchtigkeit, die ja auch in enger Beziehung mit der Beschaffenheit des Nährsubstrates steht, von entscheidender Bedeutung zu sein.

2. Reaktion des Nährsubstrates.

Wir werden später sehen, daß eine Reihe von Freilandbeobachtungen vorliegen, denen zufolge im allgemeinen eine saure Reaktion für das Wachstum des Pilzes günstig ist. In Übereinstimmung damit wird auch von den meisten Autoren starkes Ansäuern der Nährböden mit Milchsäure zwecks Unterdrückung des Bakterienwachstums empfohlen.

Angaben, wie sich der Pilz in Reinkultur bei verschiedener chemischer Reaktion entwickelt, sind von mehreren Autoren gemacht worden. Sie sind vielfach aber nur sehr allgemein gehalten. So teilt K. O. Müller (1923) mit, in Flüssigkeitskulturen hätten Säurekonzentrationen, bei denen sich *Moniliopsis Aderholdi* entwickelte, bei *R. solani* die Myzelbildung nicht mehr zugelassen. Peltier (1919) gibt an, daß der Pilz auf Bohnenagar, der in verschiedenen Abstufungen sauer bzw. alkalisch gemacht war, innerhalb der Grenzen von normalerweise vorkommenden Reaktionsgraden wachsen konnte. Nach Monteith u. Dahl (1928) gingen mit der Reaktion des Nährsubstrates deutliche Unterschiede in der Wachstumsweise parallel. So wurden Farbvariationen von hyalin bis dunkelbraun beobachtet, wobei die dunkle Farbe um den Neutralpunkt herum auftrat. Typ und Farbe der Sklerotien wechselten ebenfalls mit dem Reaktionsgrad.

Exakte Untersuchungen mit gradueller Abstufung des Reaktionsgrades des Nährsubstrates sind von Matsumoto (1921—1924) und Gratz (1925) durchgeführt. Ersterer kommt zu dem Schluß, daß hohe Wasserstoffionenkonzentration, also niedrige p_H-Zahl, im allgemeinen das Wachstum des Pilzes zwar steigere, daß aber ein optimaler Wachstumswert nicht angegeben werden könne, da die Wirkung verschieden sei entsprechend der Natur des Nährmediums. So war das Wachstum auf Czapeks Lösung bei einer p_H-Zahl von 9,8 üppig, während es auf turnips- und Kartoffeldekokt bei $p_H = 8,5$ nur spärlich war. Ein Grenzwert nach der alkalischen Seite läßt sich deshalb nicht angeben, während auf der sauren Seite unter $p_H = 2,5$ Wachstum nie auftritt. Auch die durch das Wachstum des Pilzes hervorgerufenen Änderungen des p_H-Wertes sind nicht konstant, sondern variieren entsprechend den verschiedenen Lösungen. MATSUMOTO hat auch den Einfluß der Reaktion auf die Enzymwirkung untersucht. Der optimale Wert für Diastase und Invertasewirkung scheint etwa bei $p_H = 6,6$ zu liegen. Erstere scheint sehr empfindlich gegen Änderungen des Reaktionsgrades nach beiden Seiten, während letztere durch höhere p_H-Konzentrationen weniger stark beeinflußt wird. Für Maltase und Emulsin ist das Optimum anscheinend noch etwas nach der sauren Seite verschoben ($p_H = 5,6$—6,0 bzw. 5,2—6,2).

GRATZ (1925) hat verschiedene Versuchsserien auf Kartoffelagar angesetzt. Die Reaktion war in 19 Graden von $p_H = 2,0$ bis $p_H = 10,4$ abgestuft. Geprüft wurden sechs Stämme von Kartoffeln und vier von anderen Wirtspflanzen. Auf die Unterschiede zwischen den Stämmen werden wir später zu sprechen kommen. Die Grenze nach der sauren Seite wurde für fast alle Stämme erreicht. Das Wachstum nahm dann langsam mit steigender p_H-Zahl zu. Ein bestimmtes Optimum ließ sich in den meisten Fällen nicht angeben, da die Wachstumskurve häufig einen oder gar mehrere Gipfel zeigte. Ein typisches Beispiel bildet der Stamm P_{70}.

Tabelle 6. Flächendurchmesser des Myzels bei verschiedenen p_H-Werten nach 4tägigem Wachstum (nach GRATZ 1925).

p_H	cm	p_H	cm	p_H	cm
2,0	0,0	5,6	5,0	9,8	4,0
2,4	0,1	5,8	6,0	10,0	6,0
2,7	2,6	6,2	7,0	10,4	6,0
3,0	3,0	6,8	6,2		
3,6	4,0	7,2	8,0		
4,4	6,0	8,2	3,6		
4,7	6,6	8,8	6,5		
5,2	5,0	9,2	4,0		

GRATZ glaubt aber doch, daß das Optimum etwa bei $p_H = 6,2$ anzunehmen ist. Überraschend ist vor allem, daß für sämtliche Stämme der maximale p_H-Wert noch nicht erreicht war. Selbst bei $p_H = 10,4$ zeigten alle noch deutliches Wachstum; in vielen Fällen war noch nicht einmal ein Absinken der Kurve einwandfrei zu beobachten.

3. Temperatur.

Die ersten Angaben über die Temperaturansprüche von *R. solani* stammen von ROLFS (1904). Danach wächst der Pilz innerhalb 7 Tagen auf Kartoffelagar bei 40^0 F ($+4,4^0$ C) sehr wenig oder gar nicht, bei 55^0 F ($+12,8^0$ C) wenig und bei 72^0 F ($+22,2^0$ C) üppig.

Sehr eingehend hat sich dann BALLS (1905—1908) mit dieser Frage beschäftigt. Er benutzte einen von *Gossypium herbaceum* isolierten Stamm, der häufig als sore-shin-Pilz bezeichnet wird. Das Optimum für dauerndes Wachstum schien bei $+23^0$ C mit etwa 1 mm Längenwachstum je Stunde zu liegen.

Mit ansteigender Temperatur nahm die Wachstumsgeschwindigkeit zu und folgte ziemlich genau der VAN 'T HOFFschen Regel bis zu $+30^0$ C. Darüber hinaus nahm diese Beschleunigung wieder ab und die Kurve begann sich abzuflachen, je mehr der Faktor der Expositionszeit sich geltend machte, bis schließlich bei einer bestimmten Temperatur das Wachstum aufhörte und die Kurve horizontal verlief. Diesen allgemein als Temperaturmaximum bekannten Punkt nennt BALLS „stopping point". Der Pilz befindet sich dann nämlich nur im Zustande der Wärmestarre. Bei $+33^0$ C wuchs eine frisch beimpfte Reinkultur in den ersten 1—2 Stunden noch sehr schnell, stellte dann aber die Entwicklung ganz ein. Wurde die Kultur bei dieser Temperatur 24 Stunden aufbewahrt und dann wieder unter optimale Bedingung gebracht, so blieb das Wachstum noch für mindestens einen Tag sistiert, setzte danach aber wieder normal ein. Längere Einwirkung der hohen Temperatur schob auch den Wachstumsbeginn weiter hinaus. Selbst eine einwöchige Aufbewahrung bei $+37^0$ C vermochte aber den Pilz nicht abzutöten, wenn auch unter anschließender optimaler Temperatur 7 Tage lang kein Wachstum zu beobachten war. Als Abtötungstemperatur für Myzelien, die Chlamydosporen enthalten, sieht BALLS $+49^0$ C an. Nach 5 Minuten währender Aufbewahrung bei $+50^0$ C zeigte sich bei $+23^0$ C selbst nach 3 Wochen keine Entwicklung. Die gleiche Expositionsdauer bei $+48^0$ C blieb unschädlich, während bei $+49^0$ C in vier von sechs Fällen der Tod eintrat. Der Zustand der Wärmestarre kann also anscheinend innerhalb eines ziemlich breiten Temperaturintervalls eintreten. Je länger die Expositionszeit, um so niedriger der „stopping point". Diese Abnahme des Wachstums, das schließlich ganz aufhört, führt BALLS auf Bildung irgendwelcher Stoffwechselprodukte zurück, die sich innerhalb und außerhalb der Zellen im Nährmedium in einem solchen Grade anhäufen können, daß sie das Wachstum hemmen oder vollkommen sistieren. Sie werden sowohl bei niedrigen als auch bei hohen Temperaturen gebildet, in letzterem Falle aber mit weit größerer Schnelligkeit. Die Wirkung des Zeitfaktors ist darum als identisch mit dem früher beschriebenen „staleness" anzusehen. Die Anreicherung der Stoffwechselprodukte führt zu einer Art „self-poisoning". Infolgedessen spielt auch das Nährsubstrat eine gewisse Rolle. In flüssigen Nährmedien beispielsweise besteht die Möglichkeit, daß diese Stoffe zunächst durch ungehinderte Diffusion aus der Nachbarschaft der Hyphen entfernt werden.

Die Temperaturansprüche des Pilzes sind dann später von RICHARDS (1923), K. O. MÜLLER (1924), GRATZ (1925) und LAURITZEN (1929) eingehend nachgeprüft worden. RICHARDS hat sein Wachstum bei Temperaturen zwischen $+4,6^0$ und $+35^0$ C beobachtet, und zwar stets 4 Tage hindurch. Bei $+35^0$ C zeigte sich überhaupt kein Wachstum; das Optimum lag zwischen $+25^0$ und $+27^0$ C. Die anfängliche Wachstumsgeschwindigkeit blieb aber nur bei $+22,4^0$ gleichmäßig, während sie bei höheren Temperaturen nachließ, so daß höchstwahrscheinlich bei längerer Versuchsdauer das Optimum niedriger ausgefallen wäre und sich damit mehr dem von BALLS angegebenen Wert genähert hätte. Die Zunahme der Wachstumsgeschwindigkeit folgte in RICHARDS' Versuchen nur in dem Temperaturbereich von $+14^0$ bis $+25^0$ C annähernd der van 't Hoffschen Regel. Als durchschnittliche Zuwachsgeschwindigkeit innerhalb 24 Stunden während einer Versuchsdauer von 4 Tagen fand er folgende Werte:

Tabelle 7a und b. Einfluß der Temperatur auf das Wachstum des Myzels.

r = durchschnittlicher Zuwachs des Myzelradius während 24 Stunden in mm.

a) Nach Richards.

Temperatur in C	4,6	8,2	10,9	14,6	16,3	18,1	19,0	20,1
r	0,75	1,35	2,87	6,5	7,8	8,1	10,25	12,1
Temperatur in C	22,4	23,6	25,7	26,6	29,8	31,2	32,6	35,0
r	14,1	15,0	17,6	17,6	12,5	10,1	6,55	0

b) Nach K. O. Müller.

Temperatur in C	3,0	4,5	6,1	8,3	10,8	13,0	15,2	18,4	21,0
r	0	Sp	0,2	3,2	4,75	6,5	8,0	13,0	15,0
Temperatur in C	24,8		26,7	27,7	28,7	30,1	30,4	30,8	32,7
r	16,0		16,0	15,0	12,7	5,2	2,4	0,6	0

Richards kommt in Übereinstimmung mit Balls zu dem Schluß, daß das wirkliche Optimum von einer großen Zahl von Faktoren abhängt, die die physiologische Entwicklungsgeschichte des Pilzes und die unmittelbaren Umweltbedingungen betreffen.

Die Tabelle enthält unter b die von K. O. Müller ermittelten Werte. Die Kurve verläuft etwas flacher wie die von Richards gefundene, zeigt aber im allgemeinen gute Übereinstimmung. Abweichungen können möglicherweise in Verschiedenheiten im Nährmedium und vor allem in unterschiedlicher Versuchsdauer, die von K. O. Müller nicht angegeben ist, ihre Erklärung finden. Gratz, der Temperaturen von etwa $+9^0$ bis $+32^0$ C benutzt hat, betont ebenfalls, daß das Optimum nicht scharf begrenzt sei, sondern zwischen $+22^0$ und $+26^0$ C liege. Lauritzen benutzt als Maßstab für den Einfluß der Temperatur auf das Wachstum die vom Myzel innerhalb einer bestimmten Zeit eingenommene Fläche in Quadratmillimeter. Als optimale Temperatur findet er dann $+23^0$ C. Bei $+34,5^0$ trat kein Wachstum ein, während bei 2^0 noch ganz geringe Entwicklung zu beobachten war.

K. O. Müller hat auch den Einfluß der Temperatur auf die Keimung von Basidiosporen und Sklerotien untersucht. Erstere vermochten noch bei einer Temperatur von $+30^0$ C zu keimen, das Optimum liegt wahrscheinlich zwischen $+21^0$ und $+25^0$ C. Die untere Grenze ist nicht ermittelt worden. Sklerotien keimten zwischen $+8,9^0$ und $+30,2^0$ C, während bei $+7,0^0$ und $+31,2^0$ C keine Entwicklung zu beobachten war. Je näher die Temperatur dem Optimum lag, um so schneller setzte die Keimung ein, bei $+23^0$ C ungefähr nach 4 Stunden.

Der Einfluß der Temperatur erstreckt sich aber nicht nur auf die Wachstumsgeschwindigkeit des Myzels und die Keimung von Basidiosporen und Sklerotien, sondern auch auf die Wachstumsweise des Myzels. Nach BALLS (1908) entwickelten Flüssigkeitskulturen des Pilzes, bei + 20⁰ C aufbewahrt, Myzel, das infolge geringer Verzweigung der meist geraden Hyphen glatt aussah. Bedeckte das Myzel die Oberfläche der Flüssigkeit, dann wuchsen die Hyphen an den Wänden der Kulturflaschen herauf und füllten das Innere mit „flying hyphae". Sklerotiale Zellen wurden reichlich gebildet. Bei + 34⁰ C entwickelte sich ein Myzel, das ein flockiges Aussehen infolge zahlreicher kurzer, stark verzweigter Lufthyphen zeigte. „Flying hyphae" traten nicht auf, ebenso sklerotiale Zellen nur spärlich, und das Wachstum hörte frühzeitig auf. Eine ganze Reihe von charakteristischen Merkmalen gibt auch RICHARDS (1923) an. Bei den niedrigeren Temperaturen waren die Hyphen nur spärlich verzweigt und wuchsen weit getrennt voneinander. Vor allem blieben sie aber unterhalb + 15⁰ C in dichtem Kontakt mit dem Agar, ja, wuchsen sogar in ihn hinein. Das Myzel war hyalin und daher stellenweise nicht von dem Medium zu unterscheiden. Bildung von sklerotialen Zellen war stark gehemmt. Mit steigenden Temperaturen verzweigte sich das Myzel reichlicher und wuchs oberflächlicher auf dem Substrat. Zwischen + 24⁰ und + 28⁰ C entwickelte sich reichlich Luftmyzel. Die charakteristische Bräunung, das Auftreten von sklerotialen Zellen, die anschließende Sklerotienbildung erreichten ihre Maximalwerte. Über + 28⁰ C hinaus traten diese Merkmale wieder zurück; kleinere Kolonien von flockigen, kurzen, aber häufig verzweigten Lufthyphen bildeten sich. Über Hyphendeformationen in der Nähe des Maximums, die an die Involutionsformen gewisser, unter anormalen Bedingungen gewachsenen Bakterien erinnerten, berichtet K. O. MÜLLER (1924). Weiter vermag die Temperatur den Hyphendurchmesser zu beeinflussen und Unterschiede in der Verfärbung des Substrates hervorzurufen. So geben MONTEITH u. DAHL (1928) an, daß einer ihrer Stämme bei + 20⁰, + 25⁰ und + 30⁰ C den Agar sehr deutlich verdunkelte, bei + 15⁰ C jedoch keinerlei Verfärbung verursachte. Der Hyphendurchmesser sank von 6 μ bei + 15⁰ C auf 5 μ bei + 30⁰ C, in einem anderen Falle stieg er von 7,3 auf 10,2 in dem gleichen Temperaturintervall.

4. Luftzusammensetzung.

Daß die Luftzusammensetzung auf die Entwicklung des Pilzes einen Einfluß ausübt, ist bereits angedeutet worden. Die erste genaue Angabe hierüber verdanken wir BALLS (1905, 1908). Er hat Kulturen des Pilzes unter anaerobe Bedingungen gebracht, indem der Sauerstoff durch pyrogallussaures Natrium absorbiert wurde. Dann hörte das Wachstum sofort auf und blieb solange sistiert, bis Sauerstoff wieder zugelassen wurde.

Selbst nach 5tägigem vollständigem Sauerstoffentzug vermochte der Pilz weiterzuwachsen. Umgekehrt war das Wachstum in reinem Sauerstoff, also unter dem fünffachen normalen Partiärdruck, in keiner Weise beeinflußt.

PELTIER (1919) hat den Pilz auf trockenem und auf feuchtem Sand kultiviert. In ersterem zeigte er unter der Oberfläche gutes Wachstum, während er auf letzterem auf der Oberfläche wuchs. PELTIER führt dies auf die Durchlüftung, vor allem auf den Mangel an Sauerstoff im zweiten Falle zurück. Ob diese Schlußfolgerung berechtigt ist, muß sehr bezweifelt werden. Viel näher dürfte die Annahme liegen, daß hier die Feuchtigkeit als solche eine Rolle gespielt hat.

SCHANDER u. RICHTER (1923) beobachteten, daß der Pilz sich in flüssigen Nährböden nur dann gut entwickelte, wenn er in eine möglichst niedrige Schicht der Nährlösung geimpft wurde, während bei der Beimpfung von Röhrchen mit hoher Schicht Nährlösung die Entwicklung von Myzel aus den Sklerotien entweder sehr stark verlangsamt war oder ganz unterblieb. Sie schließen daraus, daß der Pilz ausreichende Sauerstoffzufuhr für seine Entwicklung benötigt.

Die Befunde von BALLS sind späterhin durch MATSUMOTO (1923) und BRITON-JONES (1925) nachgeprüft worden. Ersterer ist so vorgegangen, daß er Kulturen des Pilzes durch Paraffindichtung luftdicht abgeschlossen hat. Dann waren nach einem Monat beispielsweise in der Kontrolle 1,065 g Myzelmasse gebildet, in der abgeschlossenen Kultur dagegen nur 0,020 g. Der Einfluß unzulänglicher Lüftung ist also eindeutig. Im übrigen macht aber MATSUMOTO selbst darauf aufmerksam, daß bei Beendigung des Versuchs die Nährlösung in den Kontrollkulturen ausgetrocknet war, so daß sich Feuchtigkeit und Konzentration gegenüber den abgeschlossenen Kulturen ebenfalls geändert hatten.

Das gleiche Verfahren hat auch BRITON-JONES benutzt. Verschieden alte Kulturen sind luftdicht abgeschlossen und dann auf ihre Entwicklung beobachtet worden. Am 2. Tage stellte der Pilz sein Wachstum ein, das 14 Tage lang sistiert blieb, sofort aber wieder aufgenommen wurde, wenn anschließend für Luftaustausch gesorgt wurde, ausgenommen die Fälle, in denen nur wenige Stunden alte Kulturen abgeschlossen worden waren. Große Sklerotien, auf Milch als Nährsubstrat ausgelegt, gingen unter und zeigten keinerlei Entwicklung. Kleine dagegen schwammen auf der Oberfläche und keimten normal aus. In abgeschlossenen Flaschen hörte das Wachstum am 3. Tage auf, wurde aber sofort wieder aufgenommen, wenn Luft von außen erneut zugelassen wurde. Sklerotien wurden stets auf dem Nährsubstrat, niemals in ihm gebildet. BRITON-JONES zieht aus seinen Untersuchungsergebnissen ebenso wie BALLS den Schluß, daß *R. solani* sehr empfindlich gegenüber der Sauerstofftension sei. BALLS (1905, S. 185) meint geradezu „this sensitiveness to oxygen will be seen to have an important bearing on the parasitism of the fungus, and to be in fact the key of the situation, provided that the temperature conditions are favourable".

Ob die beiden Autoren zu dieser Schlußfolgerung berechtigt sind, muß aber sehr fraglich erscheinen. In keinem Falle ist die Veränderung in der Luftzusammensetzung während der Dauer der Abgeschlossenheit untersucht worden. Es wird ja aber nicht nur Sauerstoff aufgenommen und dadurch sein Partiärdruck herabgesetzt, sondern auch Kohlensäure abgegeben. So hatte ich in Kulturen, die in Flaschen von etwa 50 cm³ Volumen luftdicht abgeschlossen waren, eine Kohlensäurekonzentration von etwa 5% nach 4 Tagen, von etwa 13% nach 14 Tagen feststellen können. Nun ist bekannt, daß das Wachstum innerhalb weiter Grenzen von der Sauerstoffkonzentration unabhängig ist und das Sauerstoffmini-

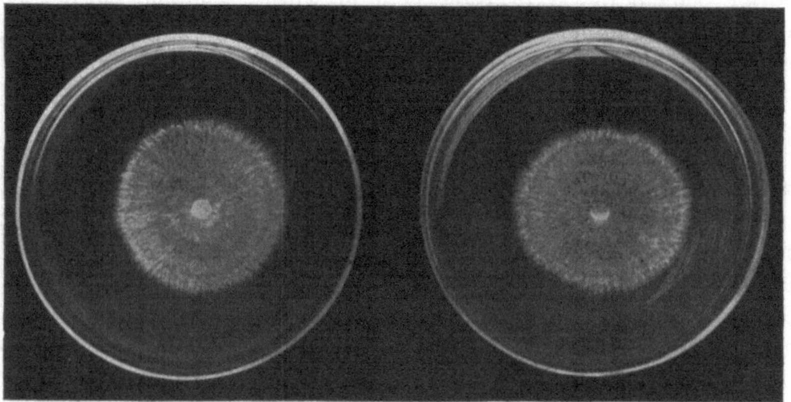

Abb. 14. *R. solani* bei verschiedenen Sauerstoffspannungen. Links Kontrolle, rechts 5% O_2.

mum gerade bei vielen Pilzen sehr niedrig liegt. In dieser Hinsicht ist die früher erwähnte Angabe von BOURN u. JENKINS (1928) wertvoll, daß die Infektion von Wasserpflanzen durch *R. solani* stets an der gleichen Stelle des Stengels, nämlich nahe dem ersten Knoten an der Bodenoberfläche ohne Rücksicht auf die Wassertiefe stattfindet. Wir wissen aber, daß die Sauerstoffspannung im Wasser erheblich geringer ist als in der Luft. So fand HOPPE-SEYLER (BENECKE-JOST 1924) im Liter Bodenseewasser in 2 m Tiefe bei 14⁰ C und 725 mm Luftdruck 6,73 cm³ Sauerstoff, also nur etwa den 30. Teil von der Menge, die im Liter Luft enthalten ist. Das spricht eher dafür, daß auch *R. solani* nicht besonders empfindlich gegenüber Änderungen im Sauerstoffgehalt ist. Untersuchungen, die ich mit Reinkulturen durchgeführt habe, lassen das eindeutig erkennen. Bei einer Sauerstofftension von 5% war keinerlei Beeinträchtigung der Wachstumsgeschwindigkeit des Myzels festzustellen (Abb. 14). Die genaue Grenzkonzentration konnte noch nicht ermittelt werden. Dagegen lassen sich möglicherweise die beobachteten Wachstumshemmungen aus der Kohlensäureanreicherung erklären. Derartige Wirkungen steigenden Kohlensäurepartiärdruckes sind ja zur Genüge bekannt. In Reinkulturen von *R. solani* fand ich einen solchen von etwa 4% bereits die Ausbreitungsgeschwindigkeit des Pilzes deutlich hemmend.

d) Innere Entwicklungsfaktoren.

1. Spezies und Rasse.

Die Frage, ob erbliche Unterschiede innerhalb der Spezies *R. solani* bestehen, ob mit anderen Worten die Spezies *R. solani* in eine Reihe genetisch verschiedener Rassen aufzuteilen ist, ist in neuerer Zeit wiederholt zum Gegenstand eingehender Untersuchungen gemacht worden. Ihre Beantwortung setzt zunächst voraus, daß wir mit Material arbeiten. von dem wir mit Sicherheit wissen, daß es zu der Spezies *R. solani* gehört, Es genügt ein Hinweis auf unsere früher gemachten Ausführungen über die systematische Stellung des Pilzes um zu erkennen, wie schwierig es ist, gerade dieser Forderung zu genügen. Zunächst „muß daran festgehalten werden, daß die systematischen Einheiten keine in der Natur gegebenen Erscheinungen sind, sondern daß es sich durchweg um Abstraktionen handelt. Die Folge davon ist, daß bei Umgrenzung der Einheiten den persönlichen Anschauungen, der Wirkung der Tradition, andererseits dem wissenschaftlichen Takt ein großer Spielraum eingeräumt werden muß" (v. WETTSTEIN 1913, S. 991).

Bei Formen, die zur Gattung *Rhizoctonia* gestellt sind, fällt es besonders schwer zu entscheiden, was als Spezies anzusehen ist, weil es sich ja bei den meisten um sterile Myzelien handelt. Die Eingliederung beruht lediglich auf der mehr oder minder großen Ähnlichkeit im vegetativen Wachstum. Infolgedessen ist es, da man Pilze nach ihrer höheren Fruchtform bestimmt, jederzeit möglich, daß die Entdeckung der höheren Fruchtform vermeintlich nahe verwandten Spezies weit entfernte Plätze im System zuweist. Sehen wir aber einmal von dieser Möglichkeit ab und nehmen an, es lägen zwei tatsächlich zu derselben Gattung gehörige Formengruppen vor, so erhebt sich die Frage, welchen Merkmalen der Wert einer Spezieskennzeichnung zuerkannt werden soll. Im allgemeinen benutzt man hierfür in erster Linie morphologische Eigentümlichkeiten. Lassen sich zwei Formen morphologisch voneinander nicht unterscheiden, so werden sie zu derselben Spezies gestellt. Die sichere Feststellung morphologischer Verschiedenheiten gestaltet sich häufig aber nicht ganz leicht. Man zieht deshalb auch das physiologische Verhalten zur Speziestrennung heran. Hier setzt nun die Hauptschwierigkeit ein. Denn physiologische Merkmale sind auch das Kriterium dafür, ob innerhalb einer Spezies biologische Rassen vorkommen. Das primäre differentialdiagnostische Kriterium zu ihrer Unterscheidung bildet bei den parasitischen Pilzen ihre Aggressivität. Daneben können andere differentialdiagnostische Merkmale einhergehen wie Temperaturansprüche, bestimmte Wachstumseigentümlichkeiten auf künstlichen Substraten u. a. Ja, nach FISCHER-GÄUMANN (1929) können sogar minutiöse morphologische Eigentümlichkeiten sich dazu gesellen, die ihrer relativen Geringfügigkeit wegen eine systematische Maßnahme wie die Abtrennung einer besonderen Varietät oder Unterart noch nicht rechtfertigen würden. Das zeigt am deutlichsten, daß die Grenzen vollkommen fließend sind. Ein Beispiel mag die Verhältnisse noch näher erläutern.

Wir haben früher den Streit um die Stellung von *Moniliopsis Aderholdi* zu *Rhizoctonia solani* kurz erwähnt. DUGGAR (1916) hat bekanntlich als erster die Ansicht von der Identität dieser beiden Pilze vertreten. THOMAS (1925) pflichtet dieser Anschauung bei, während K. O. MÜLLER (1923), WELLENSIEK (1925) und VAN POETEREN (1928) sie ablehnen. K. O. MÜLLER hält die physiologischen Verschiedenheiten für zu groß, als daß die beiden Stämme als Variationen ein und derselben „Art" aufgefaßt werden könnten. WELLENSIEK sieht als Hauptargument gegen die Auffassung von DUGGAR und THOMAS das Ergebnis von Infektionsversuchen an. *Moniliopsis*, isoliert von *Cinchona*, griff weder Tomate noch Kartoffel an, die beide von *R. solani* stark befallen wurden. Auch VAN POETEREN betrachtet einen vermutlich mit *Moniliopsis Aderholdi* identischen Pilz auf *Odontoglossum grande* deswegen als verschieden von *R. solani*, weil er auf Kartoffeln nicht übertragbar war. Demnach benutzen diese Autoren differentialdiagnostische Merkmale, die gemeinhin nur zur Unterscheidung biologischer Rassen dienen, als Beweis einer verschiedenen Spezieszugehörigkeit. Diese Verhältnisse lassen unzweideutig erkennen, wie schwierig sich die Entscheidung gestalten muß, ob wir es mit verschiedenen Spezies der gleichen Gattung oder mit verschiedenen Rassen der gleichen Spezies zu tun haben. SHAW u. AJREKAR (1915, S. 191) betonen mit Recht: „The practice of multiplying the species of a genus according to the number of hosts on which it is parasitic has been responsible, in some genera, for a great deal of unnecessary complexity, but the converse process whereby different species of a genus, all parasitic on the same host, are referred to under a single specific name, derived from the host, is equally confusing". Immerhin dürfte doch als primäres Kriterium für die Spezieszugehörigkeit die mehr oder minder große morphologische Gleichheit allgemein anerkannt werden. Wir haben demnach zunächst diese Frage zu prüfen.

2. Morphologische Merkmale.

Variationsstatistische Messungen an verschiedenen Herkünften des Pilzes sind von Peltier (1916), Rosenbaum u. Shapovalov (1917), Matsumoto (1923), K. O. Müller (1923), Wellensiek (1924), Thomas (1925), Gratz (1925) und Monteith u. Dahl (1928) angestellt worden. Die Ergebnisse dieser Autoren sind in Tabelle 8 zusammengestellt.

Vergleichen wir diese Zahlenangaben untereinander und stellen ihnen außerdem die früher für die Spezies *R. solani* mitgeteilten gegenüber, so erscheint eine Trennung von Formenkreisen auf dieser Grundlage im Hinblick auf die außerordentlich große Variation und die nirgends durchgeführte fehlerkritische Nachprüfung von vornherein wenig aussichtsreich. Auch die für *Moniliopsis Aderholdi* gefundenen Maße für den Hyphendurchmesser fallen durchaus in den für *R. solani* ermittelten Variationsbereich, selbst wenn wir nur die von Kartoffeln isolierten Herkünfte berücksichtigen. Darüber hinaus trifft das gleiche aber auch für die bisher als eigene Spezies betrachteten Formen *R. microsclerotia*, *R. mucoroides*, *R. psychodis* und *R. suavis* zu. Der vergleichenden Bewertung der von den verschiedenen Autoren gefundenen Ergebnisse stehen nun freilich gewisse Schwierigkeiten im Wege. Das Material ist weder unter absolut gleichen Außenbedingungen herangezogen, noch sind Kulturen gleichen Alters benutzt worden; letzteres gilt meist nicht einmal innerhalb derselben Versuchsserie. Daß das nicht unerhebliche Verschiebungen zur Folge haben kann, zeigen Untersuchungen von Monteith u. Dahl (1928). Die beiden Autoren haben für drei von Riedgras und Kartoffel isolierte Stämme von *R. solani* den Hyphendurchmesser bei vier verschiedenen Temperaturstufen festgestelt (Tabelle 9).

Die Rangordnungszahlen lassen erkennen, daß die bei $+15^0$ und $+20^0$ gefundenen Werte zu einem ganz anderen Ergebnis führen als die bei $+25^0$ und $+30^0$ ermittelten. Bei den niedrigen Temperaturen zeigt Stamm 1 den geringeren Durchmesser, bei den höheren dagegen Stamm 5. Stamm 8 steht zwar immer an dritter Stelle; wären aber noch mehr Stämme zu der Untersuchung hinzugezogen worden, so hätten sich möglicherweise auch für ihn Verschiebungen ergeben, da sein Hyphendurchmesser bei den einzelnen Temperaturstufen ebenfalls ganz verschiedene Werte zeigt. Vergleichende variationsstatistische Messungen setzen daher unter allen Umständen absolut gleiche Anzuchtbedingungen für das zu untersuchende Material voraus.

Die Auswirkung ungleichen Alters der Kulturen und ungleicher Außenfaktoren bei der Anzucht der zum Impfen benutzten Vorkulturen ist bisher fast nur an physiologischen Eigenschaften nachgewiesen; die Vermutung, daß morphologische Veränderungen damit Hand in Hand gehen, erscheint aber naheliegend. Der einzige, der auf das Auftreten solcher hinweist, ist Peltier (1916). Er gibt an, daß derselbe Stamm

Tabelle 8. Zellmessungen von verschiedenen Herkünften

Rasse	Herkunft	Hyphendurchmesser (μ)
1—32	24 verschiedene Spezies	3,44—6,57
$R_{1—4, \, 6—8}$	Kartoffelstengel und -knolle, Florida, Maine	10,0—14,0 (10,1)
R_5		4,7— 8,8 (7,8)
P_1	Kartoffelstengel, California 1917 .	8—12
P_4	Kartoffelknolle, St. Louis 1918 . .	8—13
P_7	Kartoffelstengel, California 1917 .	3—6
B_1	Bohnenstengel, California 1917 . .	8—14
H	*Habenaria* sp..	7—11
B_3	*Phaseolus lunatus*, Missouri 1918 . .	8—12
R. solani	Kartoffelstengel, Brandenburg . .	8,3
Moniliop. Aderholdi	Cyklamen, Schlesien	7,0
R. solani		9,05 u. 10,2
Moniliop. Aderholdi		5,28; 6,14; 6,75
R. solani 1 I . .	*Solani tuberosum*, Baarn 1921 . . .	10,7
II . .	„ „ Nordmaine 1917	7,2
III . .	„ „ Nordamerika 1914	6,2
IV . .	„ ., Baarn 1922 . . .	7,4
2 I . .	*Brassica Napus*, Baarn 1920 . . .	8,5
II . .	„ „ „ 1922 . . .	9,0
III . .	„ „ „ 1922 . . .	9,5
3 I . .	*Begonia hybrida*, „ 1922 . . .	6,7
II . .	„ „ „ 1922 . . .	5,8
4 I . .	*Cichorium endivia*, Buitenzorg 1922	7
II . .	„ „ „ 1922	7
5	*Beta vulgaris*, Wisconsin 1915. . .	7,4
6	*Gossypium herbaceum*, Mabama 1914	6,1
R. microsclerotia. .	*Ficus carica*, Florida 1917	8
R. mucoroides . . .	*Vanda tricolor*, Paris 1909	6,8
R. psychodis . . .	*Habenaria psychodes*, Jena 1909 . .	10
R. suavis	*Vanda suavis*, Jena 1909	9,8
Moniliop. Aderholdi	*Begonia* sp., Amsterdam 1914. . .	5,6
„ „	*Cinchona* sp., Buitenzorg 1915 . .	7,8
Cabbage	Kohlsämling	8,5
Cabbage		8,8
Potato 27		8,5
Potato 49		8,6
Potato 13	Kartoffelknolle.	8,8
Potato 70		9,2
Potato 55		9,3
Potato 51		9,5
Aster	Asternsämling.	6,2
Bamboo		7,3

in verschiedenem Alter ebenso große Unterschiede gezeigt habe wie zwei von verschiedenen Wirtspflanzen isolierte Stämme, ohne daß er aber im einzelnen die Veränderungen in der Wachstumsweise näher beschreibt.

Zu den morphologischen Merkmalen gehören weiter eine Reihe von Wachstumseigentümlichkeiten, die dem Pilz in Reinkultur sein charakte-

von *R. solani* bzw. von *Moniliopsis Aderholdi*.

Chlamydosporen (μ)	Autor
	PELTIER 1916
17,0—61,2 $\times$ 11,9—23,3 (37,5 $\times$ 16,7) 13,6—30,6 $\times$ 8,3—20,4 (21,6 $\times$ 12,3)	ROSENBAUM und SHAPOVALOV 1917
20—56 $\times$ 11—17 (40 $\times$ 12) 26—48 $\times$ 17—23 (32 $\times$ 18) 15—28 $\times$ 8—13 (21 $\times$ 9) 29—54 $\times$ 12—34 (40 $\times$ 27) 19—48 $\times$ 8—20 (38 $\times$ 14) 16—42 $\times$ 14—26 (36 $\times$ 15)	MATSUMOTO 1923
	K. O. MÜLLER 1923
	WELLENSIEK 1924
	THOMAS 1925
22—38 $\times$ 16—28 (30 $\times$ 19) 22—39 $\times$ 16—26 (29 $\times$ 20) 22—41 $\times$ 16—30 (31 $\times$ 23) 22—36 $\times$ 16—30 (29 $\times$ 20) 24—44 $\times$ 15—27 (32 $\times$ 22) 22—41 $\times$ 13—24 (33 $\times$ 20) 23—43 $\times$ 16—30 (32 $\times$ 23) 22—41 $\times$ 16—30 (29 $\times$ 22) 15—24 $\times$ 10—20 (19 $\times$ 14) 14—24 $\times$ 8—13 (19 $\times$ 11)	GRATZ 1925

ristisches Aussehen geben. Für *Rhizoctonia* werden namentlich Myzelentwicklung und Sklerotienbildung genannt, Merkmale, die teilweise mit dem gleichen Recht als physiologische angesehen werden könnten.

Als erster erwähnt PELTIER (1916) solche Unterschiede zwischen den von ihm isolierten Herkünften. Das Myzel der meisten von Nelken iso-

Tabelle 9. Hyphendurchmesser bei verschiedenen Temperaturen.
(Nach Monteith u. Dahl 1928.)

Herkunft	Absolute Zahlen (μ)				Rangordnung			
	15^0	20^0	25^0	30^0	15^0	20^0	25^0	30^0
1. Riedgras	7,3	8,2	9,0	10,2	2	2	1	1
5. Kartoffel	9,2	9,0	8,4	8,7	1	1	2	2
8. Kartoffel	6,0	5,7	5,7	4,9	3	3	3	3

lierten Stämme zeichnete sich durch besonders deutliche Zonenbildung und durch üppige Entwicklung von Luftmyzel aus. Herkünfte von *Solanum melongena*, *Lactuca*, *Chenopodium* und *Cirsium* zeigten dagegen reichlichere Bildung von Luftmyzel nur am Rande der Kultur, während im Zentrum die Hyphen in engstem Kontakt mit dem Nährsubstrat wuchsen. Ein ganz anderes Bild bot eine von *Allium* gewonnene Herkunft. Das Myzel war leicht gefärbt, feiner und wuchs meist im Substrat. Hartley (1921) gibt von zwei Stämmen an, daß sie im Habitus und in der Farbe des Myzels geringe Abweichungen von den übrigen aufwiesen.

K. O. Müller (1923) isolierte sieben Einzelsporkulturen, von denen vier ein dichtes Myzel mit grobfädigen Hyphen entwickelten, während bei drei die Hyphen feinfädiger waren und das Myzel einen lichteren Eindruck machte. Briton-Jones (1924) arbeitete mit acht Stämmen (E, S, A, I, B, PO, W, PE), die von verschiedenen Wirtsspezies in weit entfernten Gegenden isoliert waren. Alle Stämme mit Ausnahme von „B" bildeten reichlich Luftmyzel. Gewisse Variationen zeigten sich in der Farbe der Hyphen. Die von „W" waren weiß bis lederfarben, während „A" meist tiefbraune Hyphen entwickelte und die anderen mehr oder weniger eine Mittelstellung einnahmen. Gratz (1925) beobachtete ebenfalls verschiedene Färbung der Hyphen. Thomas (1925) fand, daß die Stämme mit dünnen Hyphen viel, die mit dicken dagegen wenig Luftmyzel bildeten.

Erstere entwickelten gleichzeitig nur wenige kleine Sklerotien, letztere dagegen sehr zahlreiche große. Gerade auf Unterschiede in der Sklerotienbildung wird von vielen Forschern großes Gewicht gelegt. So gibt Peltier (1916) an, daß manche Stämme nur selten Sklerotien hervorbrachten, eine Erscheinung, die er allerdings als erstes Anzeichen einer Degeneration ansieht. Der Stamm „R_5" von Rosenbaum u. Shapovalov (1917) bildete auf Maismehlagar hellgraue, lockere Sklerotien, während die der übrigen dunkelbraun und fest waren. Hartleys (1921) Stamm 189 bildete weniger Sklerotien als die anderen. Auch Matsumoto (1923) fand Unterschiede in der Färbung der Sklerotien und in der Stärke ihrer Bildung zwischen den von ihm beobachteten Stämmen. Unter Müllers (1924) Einzelsporkulturen traten bei einem fast gar keine, bei einem wenige, bei zwei reichlich und bei drei sehr reichlich Sklerotien auf. Briton-Jones (1924) erzielte bei seinem Stamm „B" niemals Sklerotien. Bei den übrigen zeigten sich mehr oder weniger große Unterschiede in der Farbe, Größe und Beschaffenheit der Sklerotien. Gratz (1925) fand, daß die von Kartoffeln isolierten Herkünfte durchweg sehr reichlich und schnell Sklerotien bildeten. Das gleiche traf für einen von Astern isolierten Stamm zu, wenn auch hier die Bildung etwas später einsetzte, während die von Bambus und *Brassica oleracea* gewonnenen überhaupt keine Sklerotien entwickelten. Unter den Kartoffelstämmen selbst waren wieder insofern deutliche Unterschiede zu beobachten, als die Sklerotien von einem Stamm gleichförmig über das ganze Medium verteilt und zimtbraun waren, während ein zweiter Stamm große, unebene, unregelmäßige, gräulichbraune bildete, die sich um das Zentrum der Platte herum ausbreiteten, und ein dritter schwarzbraune kompakte Massen im Zentrum entwickelte. Lauritzen (1929) bezeichnet als besonders auffallendes Merkmal eines von *Brassica rapa* erhaltenen Stammes seine im Vergleich mit Stämmen von der Kartoffel viel stärkere Sklerotienbildung in Kulturen.

Schließlich sei noch auf die Untersuchungen von Matz (1917, 1921) hingewiesen, der Unterschiede in der Myzelentwicklung und in der Sklerotienbildung als Grundlage weitgehender Speziestrennung innerhalb der Gattung *Rhizoctonia* benutzt und daraufhin nicht weniger als sieben neue Spezies aufgestellt hat. Auch Shaw u. Ajrekar (1912, 1915) haben diesen morphologischen Merkmalen großen Wert beigemessen.

Einer vergleichenden Bewertung dieser verschiedenen Angaben stehen genau die gleichen Schwierigkeiten im Wege, die wir bereits bei Besprechung der variationsstatistischen Zellmessungen erwähnt haben. Gratz (1925) betont ausdrücklich, daß seine Befunde mit denen von Matsumoto und anderen Forschern übereinstimmten, die gleichfalls konstante Unterschiede zwischen verschiedenen Herkünften beobachtet hätten, daß aber der Versuch, die Ergebnisse miteinander zu vergleichen, wertlos sei, da geringe Variationen in den Außenbedingungen große Verschiedenheiten in der Wachstumsweise zu verursachen schienen. Es ergibt sich demnach immer wieder als unumgängliche Voraussetzung für Vergleiche zwischen dem von verschiedenen Forschern gesammelten Material absolute Einheitlichkeit in den Versuchsbedingungen. Wie wichtig diese Forderung ist, zeigen besonders die physiologischen Merkmale.

3. Physiologische Merkmale.

Monteith u. Dahl (1928) beobachteten, daß von zwei Kulturen, für die in dem einen Fall eine bei $+25^0$, in dem anderen eine bei $+15^0$ herangezogene Kultur zur Beimpfung benutzt wurde, die letztere eine erheblich höhere Wachstumsgeschwindigkeit aufwies als die erstere. Ähnliche Wirkungen sind zu beobachten, je nachdem ob man alte oder junge Hyphen zum Impfen verwendet; man kann dies leicht dadurch erreichen, daß man das Impfstück dem Zentrum oder dem Rande der Kultur entnimmt. Daß das Alter der Kultur auch in anderer Hinsicht eine Rolle spielen kann, wurde oben bereits angedeutet; eine weitere Auswirkung werden wir bei Besprechung der Aggressivität des Parasiten noch kennenlernen. Auf die anderen maßgeblichen Faktoren hier einzugehen, erübrigt sich, da wir ihren Einfluß früher ausführlich kennengelernt haben. Daß innerhalb der von den einzelnen Forschern angestellten Versuchsreihen für Gleichheit sämtlicher Außenbedingungen Sorge getragen ist, sollte eine selbstverständliche Voraussetzung sein, deren Nichterfüllung freilich häufig genug bemängelt werden muß.

Wenden wir uns nunmehr der Frage zu, wieweit Unterschiede in physiologischen Merkmalen zwischen verschiedenen Herkünften des Pilzes festgestellt worden sind, so haben im wesentlichen Wachstumsgeschwindigkeit, Temperaturansprüche, Ernährungsansprüche, Empfindlichkeit gegenüber der Reaktion des Nährsubstrates und Verfärbung des letzteren Beachtung gefunden. ROSENBAUM u. SHAPOVALOV (1917) geben an, daß ihr Stamm „R_5" bedeutend schneller wuchs als alle übrigen. MATSUMOTO (1921) ermittelte für fünf Stämme nach 3wöchigem Wachstum folgende Trockengewichte:

Tabelle 10. Trockengewicht des Myzels in g.
(Nach MATSUMOTO 1921.)

Stamm	Zimmertemperatur		
	nachts 14—17⁰ C tags 17—20⁰ C	22⁰ C	28⁰ C
P_1	0,045	0,345	0,015
P_4	0,100	0,185	Spuren
P_7	0,010	0,120	0,015
B_1	0,005	0,120	0,270
H	0,050	0,300	0,020

Die Zahlen lassen die großen Unterschiede in der Wachstumsgeschwindigkeit ohne weiteres erkennen. Der nicht aufgeführte Stamm „B_3" wuchs so langsam, daß der Autor manchmal nicht einmal genug Material für seine Nährstoffversuche erhielt. K. O. MÜLLER (1924) hat als tägliche durchschnittliche Ausbreitungsgeschwindigkeit seiner sieben Einzelspormyzelien bei Kultur auf Malzextraktagar bei 22⁰ C folgende Werte in Millimetern ermittelt: 12,2, 12,0, 11,7, 11,6, 10,2, 8,0, 7,2. MONTEITH u. DAHL (1928) fanden für neun von ihnen untersuchte Stämme folgende stündliche Wachstumsgeschwindigkeit bei fünf verschiedenen Temperaturen:

Tabelle 11. Stündliche Wachstumsgeschwindigkeit (μ).
(Zusammengestellt nach Monteith u. Dahl 1928.)

Herkunft	Absolute Zahlen				
	10⁰	15⁰	20⁰	25⁰	30⁰
1. Riedgras, Madison 1924	0,22	0,44	0,46	1,17	1,26
2. Gras, Virginia 1924	0,16	0,20	0,50	1,09	1,18
3. Kartoffel	—	0,13	0,25	0,34	0,38
4. „	—	0,13	0,20	0,58	0,53
5. „	0,18	0,18	0,42	0,73	0,46
6. „	—	0,15	0,30	0,76	0,85
7. „ Madison 1925	0,07	0,08	0,40	0,62	0,41
8. „ „ 1925	0,07	0,12	0,26	0,20	0,20
9. Erbse Wisconsin 1924	0,07	0,32	0,46	0,88	0,77

Die beiden Grasstämme zeichneten sich demnach durch besonders große Wachstumsgeschwindgikeit bei allen Temperaturstufen aus.

Die Ergebnisse von Matsumoto und Monteith u. Dahl lassen gleichzeitig eindeutig erkennen, daß die Temperaturansprüche der einzelnen Stämme, wie sie sich in der Lage der drei Kardinalpunkte ausdrücken, außerordentlich verschieden sind. Besonders fällt die starke Verlagerung der Temperaturkurve bei „B_1" von Matsumoto und bei den Grasstämmen sowie einem Kartoffelstamm von Monteith u. Dahl auf. Briton-Jones (1924) beobachtete, daß von seinen acht Stämmen innerhalb von 5 Tagen bei +5 bis +8⁰ C drei (E, I, B) gar nicht wuchsen, einer (W) eine Myzeldecke von 5 mm und vier (S, A, PO, PE) eine solche von 20—22 mm Durchmesser bildeten. Bei anschließender Aufbewahrung unter +21 bis +23⁰ C ließen sich ebenfalls drei Gruppen unterscheiden, aber in etwas anderer Zusammenstellung. „A" und „B" wuchsen sehr langsam, „W" nahm wieder eine Mittelstellung ein, alle übrigen wuchsen schnell. Dieses Ergebnis bildet eine weitere Bestätigung für unterschiedliche Temperaturansprüche, gleichzeitig aber auch teilweise für konstante unterschiedliche Wachstumsgeschwindigkeit. Thomas (1925) teilt die von ihm beobachteten Herkünfte in zwei Gruppen ein, solche mit einem hohen Wachstumsoptimum und solche mit einem niedrigen, wobei freilich den Maßstab das Verhalten bei +5⁰ C gibt. Die erste Gruppe wächst bei dieser Temperatur überhaupt nicht, während die zweite täglich bis zu 3,5 mm wächst. Bei +27⁰ C zeigt die letztere im allgemeinen einen größeren täglichen Zuwachs als die erstere. Die Herkünfte der ersten Gruppe entstammen der warmen Zone, die der letzteren der gemäßigten. Weitere Unterschiede innerhalb der beiden Gruppen glaubt Thomas nicht machen zu können, obwohl die Wachstumsgeschwindigkeit sowohl bei +17⁰ als auch bei +27⁰ C sehr erheblich differiert.

Über unterschiedliches ernährungsphysiologisches Verhalten einzelner Stämme verdanken wir Matsumoto (1921, 1923) einige Angaben. Unter seinen sechs Stämmen war die Fähigkeit, Stärke zu hydrolysieren, am stärksten bei „P_4", fiel dann in der Reihenfolge „B_1", „B_3", „P_1" und war am schwächsten bei „P_7" und „H". „P_1" und „H" zeichneten sich durch höhere Zellulasewirkung aus, „P_4", „P_7" und „B_1" durch höhere Invertasewirkung. Für eine Reihe weiterer Enzyme konnten keine Unterschiede festgestellt werden. „P_1" und „H" vermochten als einzige Kaliumnitrit auszunutzen. Auch in der Auswertung organischer Stoffe zeigten sich Unterschiede zwischen den Stämmen. Weiter sei hier erwähnt, daß MATSUMOTO auch unterschiedliche Häufigkeit der Anastomosenbildung beobachtet hat. Anastomosen traten auf zwischen verschiedenen Myzelien desselben Stammes, zwischen „P_1" und „H" und, wenn auch seltener, zwischen „P_1" und „P_4", dagegen niemals zwischen „B_1" oder „P_7" und einem der anderen Stämme[1].

Weiter hat MATSUMOTO (1921) auch festzustellen gesucht, ob die einzelnen Herkünfte sich in ihrem Verhalten gegenüber der chemischen Reaktion des Nährsubstrates verschieden verhalten. Abgesehen davon, daß „B_1" einen etwas höheren Säuregrad zu vertragen schien als die übrigen, konnten keine deutlichen Unterschiede beobachtet werden. GRATZ (1925) hat zehn Stämme von Kohl, Kartoffel, Bambus und Aster bei verschiedenen Reaktionsgraden kultiviert, die einer p_H-Zahl von 2,0 bis 10,4 in 19 Abstufungen entsprachen, und Wachstumsgeschwindigkeit und Sklerotienentwicklung nach 4 und 12 Tagen bestimmt. Im allgemeinen waren die Kartoffelstämme etwas empfindlicher gegen stark saure Reaktion als die anderen. Bei $p_H = 2,0$ wuchs nur noch der Bambusstamm.

Auf ein sehr auffallendes physiologisches Merkmal hat PELTIER (1916) als erster aufmerksam gemacht. Die Mehrzahl der von ihm isolierten Stämme rief auf Kartoffelsaftagar eine deutliche Bräunung hervor. MATSUMOTO (1921) konnte seine sechs Stämme in drei Gruppen einteilen: „P_1" und „H" riefen eine starke Schwärzung des Kartoffelagars hervor, „P_4" und „B_1" eine schwache, „P_7" und „B_3" gar keine. Dieselbe Beobachtung haben vorher schon ROSENBAUM u. SHAPOVALOV (1917) gemacht. Ihr Stamm „R_5" verursachte nach 7—10 Tagen eine deutlich dunkelbraune bis schwarze Verfärbung, während „R_{1-4}" und „R_{6-8}" den Kartoffelagar nicht annähernd so intensiv schwärzten.

4. Pathologische Merkmale.

Als primäres differentialdiagnostisches Merkmal zur Unterscheidung von Individuengruppen innerhalb einer Spezies bei parasitischen Pilzen wurde oben die Aggressivität des Parasiten bezeichnet. Zwar handelt es sich hier um ein Merkmal, das dem ernährungsphysiologischen Gebiet entnommen ist, demnach strenggenommen also noch unter den physio-

---

[1] Vgl. Fußnote S. 49.

logischen Merkmalen zu besprechen gewesen wäre. Da aber gerade der
Aggressivität eine ganz besondere Bedeutung zukommt und sie einen
sehr verwickelten Fragenkomplex umschließt, erscheint ihre Behandlung in einem besonderen Abschnitt berechtigt. Als Aggressivität bezeichnen FISCHER u. GÄUMANN (1929) die potentielle parasitische Befähigung eines Pilzes, von der sie streng scheiden die Virulenz oder Pathogenität als aktuelle parasitische Betätigung, die dieser Pilz unter bestimmten Umständen gegenüber einem bestimmten Wirt auszuüben vermag. ,,Erstere ist ein absoluter Wert, letztere ist die Differenz zwischen
der Aggressivität des Parasiten und der Widerstandsfähigkeit eines bestimmten Wirtes; erstere ist daher vom Wirte unabhängig, letztere dagegen von Wirtsart zu Wirtsart verschieden'' (S. 8). Die Bestimmung
der Aggressivität kann nun aber im einzelnen mancherlei Schwierigkeiten
begegnen, weil sie ja ,,ein rein ideeller Wert ist und als solcher nicht
direkt gemessen, sondern nur interpoliert werden kann'' (S. 7). Diese
Interpolation kann praktisch nur auf Grund der Ergebnisse von Infektionsversuchen vorgenommen werden, also nicht unabhängig vom Wirt.
Denn das Ergebnis des Infektionsversuches hängt nicht nur von der
Aggressivität des Parasiten, sondern auch von der Widerstandsfähigkeit
der Pflanze ab. Wir bestimmen demnach in Wirklichkeit die Differenz
zwischen Aggressivität einerseits und Widerstandsfähigkeit andererseits,
d. h. die Virulenz im Sinne FISCHER-GÄUMANNS, wenn sie auch späterhin diesen Begriff anscheinend etwas anders gefaßt wissen wollen. Aus
der Virulenz schließen wir auf die Aggressivität. Bei Besprechung der
Widerstandsfähigkeit der Pflanzen werden wir noch einmal kurz auf
diese Zusammenhänge einzugehen haben.

Wir wenden uns nunmehr der Frage zu, ob Verschiedenheiten in der
Aggressivität von Individuen oder Individuengruppen innerhalb der
Spezies *R. solani* bestehen. Diese Verschiedenheiten können sowohl
qualitativer wie quantitativer Art sein, indem entweder Unterschiede
in der Wirtswahl bestehen oder solche im Aggressivitätsgrad auf demselben Wirt. Versuche zur Bestimmung von qualitativen Verschiedenheiten in der Aggressivität verschiedener Herkünfte sind von PELTIER
(1916), HARTLEY und seinen Mitarbeitern (1918), GRATZ (1925) und
THOMAS (1925) angestellt worden. Ersterer infizierte in einer seiner
Versuchsserien je 2—3 Wirtsspezies mit je 4—5 verschiedenen *Rhizoctonia*-Herkünften. Nur in einem Fall blieben sämtliche Pflanzen einer
Wirtsspezies gesund. Alle übrigen zeigten Befall, der aber sehr verschieden stark war. HARTLEY und seine Mitarbeiter (1918) haben sich vornehmlich mit dem Vorkommen von *R. solani* auf Koniferen beschäftigt.
Dabei haben sie das Hauptgewicht auf die Untersuchung quantitativer
Aggressivität von verschiedenen Herkünften gelegt, berichten aber auch
über eine Reihe von Kreuzinfektionen, bei denen einzelne Stämme eine

geringe Spezialisierung auf bestimmte Wirtspflanzen zu zeigen schienen. Jedoch sind die Beziehungen zu wenig eindeutig, um sichere Schlußfolgerungen ableiten zu können. GRATZ (1925) hat eine große Reihe von Infektionsversuchen mit Kartoffeln und Kohl angestellt. In keinem Fall war ein positiver Erfolg zu erzielen bei Infektion ersterer mit einem von letzterem isolierten Stamm des Pilzes und umgekehrt bei Infektion des letzteren mit einem von ersterer isolierten Stamm. Dagegen traten schwere Schäden auf, sobald jede Wirtsspezies mit einem von ihr selbst isolierten Stamm infiziert wurde. Die gleiche Beobachtung ergab sich für Aster und Kohl.

VAN DER MEER (1926) hat Kreuzinfektionen mit *Rhizoctonia*-Herkünften von *Solanum tuberosum* und *Brassica oleracea var. cauliflora* ausgeführt. Bei *Brassica* verursachten zwei von diesem Wirt gewonnene Herkünfte fast 100%iges damping off, während eine Herkunft von *Solanum* keinerlei pathologische Erscheinungen hervorrief. Auf *Solanum* andererseits zeigte sich bei Infektion mit allen drei Herkünften Sklerotienbildung, die aber bei Benutzung des Kartoffelstammes wesentlich stärker war.

THOMAS (1925) infizierte acht verschiedene Wirtsspezies mit 18 Herkünften von *R. solani*. Die Ergebnisse seiner Versuche sind in Tabelle 12 zusammengestellt.

Tabelle 12. Qualitative Verschiedenheiten in der Aggressivität von *Rhizoctonia*-Herkünften. (Nach THOMAS 1925.)

| | Begonia gracilis var. | | | Portulaca oleracea | Lactuca sativa | Brassica napus | Lepidium sativum | Linum usitatissimum |
	Gloire de Loraine	Vesuvius	Prima Donna					
R. sol. Sol. tub. I . .	—	—	+ (100)	—	—	—	—	—
„ „ „ „ II . .		—	+ (56)	+ (38)	—	+ (24)	+ (13)	—
„ „ Betae	+ (67)	+ (100)	+ (50)	+ (57)	—	—	+ (10)	—
„ „ Brassicae I . .	+ (100)	+ (40)	+ (43)	+ (20)	+ (48)	+ (100)	+ (100)	+ (41)
„ „ „ II .		+ (33)	+ (100)	—	+ (2)	+ (100)	+ (100)	—
„ „ „ III .						+ (100)	+ (100)	
„ „ „ IV .						+ (100)		
„ „ Begoniae I . .	+ (100)					+ (100)		
„ „ „ II .	+ (40)				—	—		
„ „ „ III[1] .	—	+ (33)	+ (45)	—	—	+ (73)	—	—
„ „ Gossypii . . .		+ (33)	+ (67)	+ (100)	—	+ (18)		
„ „ Cinchonae[1] . .	+ (80)	+ (33)	+ (67)	+ (39)	+ (8)	+ (12)	+ (6)	+ (10)
„ „ Cich. End. I .						—		
„ „ „ „ II .							+ (8)	
„ microslerotia . . .		—		+ (3)	—	—	—	—
„ mucoroides	—	—	+ (50)	—	—	+ (12)	—	—
„ psychodis.	—	+ (63)	+ (67)	—	—	+ (56)	—	+ (43)
„ suavis	—	+ (43)	+ (100)	—	—	—	+ (4)	+ (17)

+ = Befallen; — = nicht befallen; Zahl = Prozentsatz der Kranken.

Aus dieser Zusammenstellung lassen sich nur sehr bedingt Schlüsse für die Beantwortung unserer Frage ziehen. THOMAS hat zum großen

---

[1] *Moniliopsis Aderholdi.*

Teil mit sehr geringen Individuenzahlen gearbeitet, so daß dem Infektionsergebnis eine gewisse Unsicherheit anhaftet. Dazu kommt, daß das Verhalten mehrerer Stämme nur auf einzelnen Wirtspflanzen geprüft worden ist und die Gesamtzahl dieser überhaupt sehr gering ist. Schließlich und vor allem darf aber nicht vergessen werden, daß Thomas Herkünfte benutzt hat, die von anderen Autoren als selbständige Arten angesehen werden. Das ließ von vornherein erwarten, daß qualitative Unterschiede in der Aggressivität sich zeigen würden. Auf das gegensätzliche Verhalten von *Moniliopsis Aderholdi* und *R. solani* bei Infektionsversuchen an Kartoffeln stützen ja, wie wir gesehen haben, Müller (1923) und Wellensiek (1924) in erster Linie ihre Anschauung, daß diese beiden Pilze zu verschiedenen Spezies gehören.

Die Versuche von Thomas bieten gleichzeitig Anhaltspunkte zur Klärung der Frage nach dem Vorkommen von quantitativen Unterschieden in der Aggressivität innerhalb der Spezies *R. solani*. Berücksichtigt man nämlich nicht nur den positiven oder negativen Ausfall des Infektionsversuches, sondern auch den prozentualen Anteil der jeweilig erkrankten Pflanzen (Zahlen in Klammern), so sieht man, daß die Befallszahlen derselben Wirtsspezies sehr verschieden sind je nach der Pilzherkunft, welche zur Infektion benutzt ist. Das spricht dafür, daß die

Tabelle 13. Infektionsversuche an *Dianthus caryophyllus*.
(Nach Peltier 1916.)

Herkunft	Stecklinge		Bewurzelte Pflanzen	
	Anzahl	Tot in %	Anzahl	Tot in %
Alternanthera R.A.C.	30	10	30	86,7
„ R.A.F.	30	33,3	30	86,7
Begonia	30	3,3	30	100
Carnation R.K.	28	42,8	30	86,7
„ R.S.	28	46,5	30	76,7
„ R.2	26	26,9	30	93,4
„ R.F.	28	42,9	30	93,4
„ R.M.2	28	42,9	30	86,7
„ R.107	30	36,7	30	83,4
Carrot	30	6,7	30	26,7
Cauliflower	30	20,0	30	100
Coleus I	30	20,0	30	100
Cotton I	30	43,4	30	100
„ II	30	23,4	30	100
„ III	28	14,3	—	—
Eggplant I	30	30,0	30	33,3
Lettuce	30	6,7	30	0
Potato R.P.C.	30	0	30	80,0
„ R.P.I.	28	25,0	30	56,7
„ R.P.O.	28	22,4	30	46,7
Salvia	30	16,7	30	10,0
Sugar cane	30	6,7	30	80,0
Thistle	28	7,1	30	13,0
Check	30	0	30	0

einzelnen Pilzstämme quantitative Unterschiede in ihrer Aggressivität aufweisen. In die gleiche Richtung weisen Versuche von PELTIER (1916) mit *Dianthus caryophyllus*, deren Ergebnisse auszugsweise in Tabelle 13 zusammengestellt sind.

Die Zahlen lassen mit hoher Wahrscheinlichkeit auf quantitative Unterschiede in der Aggressivität der benutzten Stämme schließen. Die Infektionsergebnisse sind zudem dadurch weitgehend gesichert, daß nur solche Pflanzen als befallen gerechnet wurden, aus denen sich *R. solani* wieder isolieren ließ.

Weitere Belege für quantitative Verschiedenheit in der Aggressivität sind vor allem von ROSENBAUM u. SHAPOVALOV (1917), EDSON u. SHAPO-VALOV (1918), HARTLEY und seinen Mitarbeitern (1918, 1921), MATSU-MOTO (1923), BRITON-JONES (1924) und K. O. MÜLLER (1924) gebracht worden. ROSENBAUM u. SHAPOVALOV geben an, daß ihr Stamm „R_5" sowohl auf Knollen als auch auf Stengeln von Kartoffeln ungleich schwerere Wunden hervorrufe als die Stämme „R_{1-4}" und „R_{6-8}". EDSON u. SHAPOVALOV haben Kartoffelstengel mit 28 Herkünften von *R. solani* infiziert, die von *Solanum lycopersicum*, *S. tuberosum*, *Beta vulgaris*, *Allium*, *Raphanus sativus*, *Pinus*, *Picea*, *Medicago sativa*, *Dianthus* und *Arachis hypogaea* isoliert waren. Die Zahl der benutzten Pflanzen schwankte zwischen 3 und 8, die Zahl der erkrankten zwischen 0 und 8. Abgesehen von der unterschiedlichen Befallszahl ließen sich auch Unterschiede in der Größe und Tiefe der Wunden, sowie ihrer Farbe feststellen. HART-LEY und seine Mitarbeiter haben Infektionsversuche an *Pinus resinosa* mit insgesamt 27 Herkünften des Pilzes angestellt, die von *Phaseolus*, *Solanum tuberosum*, *Beta vulgaris*, *Elaeagnus*, *Medicago sativa*, *Picea engelmanni*, *Pseudotsuga taxifolia*, *Pinus resinosa*, *P. ponderosa*, *P. banksiana*, *P. strobus* und *P. silvestris* isoliert waren. Nach der Aggressivität ließen sich drei Klassen unterscheiden; stark aggressiv waren 8 Stämme, schwach 14, während 5 eine Mittelstellung einnahmen. MAT-SUMOTO konnte mit zwei von seinen Stämmen (P_7, B_3) überhaupt keine Infektion erzielen, „P_1" und „H" erwiesen sich als hoch aggressiv, während „P_4" und „B_1" eine Mittelstellung einnahmen. BRITON-JONES infizierte im Laboratorium je 12 Sämlinge von *Lepidium* mit den Stämmen „I", „S", „A", „B", „PO", „PE" und beobachtete große Unterschiede in der Zahl der abgestorbenen und der erkrankten Sämlinge sowie in der Schnelligkeit des Auftretens der Krankheit. K. O. MÜLLER hat aus Hymenien, die von einem Sklerotium abstammten, Einzelspormyzelien isoliert und mit diesen Kartoffelknollen infiziert. Die Bestimmung des nach drei Klassen abgestuften Befallsgrades kurz vor dem Auflaufen ergab, daß zwei Stämme den Befallsgrad 3, drei den Befallsgrad 2 und zwei den Befallsgrad 1 hervorgerufen hatten.

Vergleiche zwischen den Ergebnissen der verschiedenen Autoren begegnen wiederum ähnlichen Schwierigkeiten, wie wir sie bei den morphologischen und physiologischen Merkmalen schon kennengelernt haben. Denn „neben der arteigenen, genotypisch bedingten parasitischen Konstitution gibt es auch eine individuelle umweltbedingte parasitische Disposition" (FISCHER-GÄUMANN 1929, S. 185). Demnach ist auch die erblich fixierte Aggressivität des Parasiten modifizierbar durch die Umweltbedingungen.

Bekannt ist vor allem die Beeinflussung der Aggressivität des Parasiten durch das Alter der Reinkultur. Für *R. solani* lauten die diesbezüglichen Feststellungen widersprechend. DUGGAR (1909) gibt an, daß der Pilz nach längerem Wachstum in Reinkultur seine parasitäre Beziehung zum Wirt zu ändern pflege. HARTLEY (1912) teilt mit, daß *Rhizoctonia* ihre parasitische Fähigkeit durch längere Reinkultur verliere. Nach EDSON (1915) kann die Aggressivität durch fortgesetzte künstliche Kultur zeitweilig reduziert sein. Auch PELTIER (1916) ist der Ansicht, daß das Alter einer Kultur eine wichtige Rolle für ihre Aggressivität spiele. Mit der Abnahme der letzteren gehe parallel ein Rückgang in der Sklerotienbildung. Diese Beobachtung ist von SMALL (1927) bestätigt worden. Im Gegensatz dazu glauben EDSON u. SHAPOVALOV (1918), daß die Aggressivität des Parasiten weder zu dem Alter der Kultur, noch zu dem ursprünglichen Wirt eine Beziehung zeige, dagegen einer gewissen Beeinflussung durch die Art des Nährsubstrates unterliege. So besaßen Myzelien, die auf Kartoffelstückchen oder Reis kultiviert waren, eine größere Aggressivität als solche, die auf *Melilotus*-Stengeln gezüchtet waren. HARTLEY und seine Mitarbeiter (1918) beobachteten unveränderte Aggressivität einer 8 Jahre alten Reinkultur. Auch WELLENSIEK (1925) konnte bei 8 Jahre alten Kulturen keine Beeinträchtigung der Aggressivität feststellen. THOMAS (1925) glaubt sogar an noch längere unveränderte Erhaltung der Aggressivität auf künstlichen Nährböden. TASLIM (1928) fand, daß junge, kräftig wachsende Kulturen von *R. solani Trifolium alexandrinum* heftiger angriffen als ältere, in denen schon Sklerotien gebildet waren, daß aber andererseits die Infektionstüchtigkeit über mehr als ein Jahr erhalten blieb.

Über eine andere Art der Beeinflussung der Aggressivität berichten BOURN u. JENKINS (1928). Gelegentlich des epidemischen Auftretens von *R. solani* in den Binnengewässern von Nordkarolina haben sie bei Infektionsversuchen festgestellt, daß die Aggressivität mit steigender Salzkonzentration zunächst zunimmt, dann ein Optimum erreicht und schließlich wieder sinkt. Dabei bestand zwischen der Herkunft von der Kartoffel und der von den Wasserpflanzen insofern ein Unterschied, als erstere unter 10,5% Salzkonzentration die größte Aggressivität zeigte, letztere über 10,5%. Daß die Aggressivität auch durch die Temperatur weitgehend bedingt ist, hat RICHARDS (1921, 1923) einwandfrei nachgewiesen. Er konnte zeigen, daß das Optimum für die Aggressivität des Parasiten um 18⁰ C liegt, unabhängig von der Wirtspflanze. Wir werden auf diese Verhältnisse später noch eingehend zurückzukommen haben.

Schließlich spielt eine wichtige Rolle bei der Frage nach der Modifikabilität der Aggressivität der Einfluß der Wirtspassage. HARTLEY und seine Mitarbeiter (1918) konnten keine Zunahme der Aggressivität des Parasiten auf Kiefernsämlingen als Folge einer einmaligen Passage durch den Wirt feststellen. MATSUMOTO (1921) infizierte mit seinem Stamm „P₁" *Solanum tuberosum, S. melongena, Lactuca sativa, Phaseolus lunatus* und *P. vulgaris.* Mit dem von jeder Wirtsspezies reisolierten Stamm wurde dann wiederum dasselbe Sortiment infiziert und nun das Ergebnis der ersten und der zweiten Infektion miteinander verglichen. Es zeigte sich, daß die Aggressivität bei letzterer am höchsten war bei Kongenialität der Wirtspflanzen. SMALL (1927) konnte beobachten, daß Aggressivität, die in Reinkulturen verlorengegangen war, durch Wirtspassage wiedergewonnen wurde. In diesem Sinne könnten sich möglicherweise auch die Ergebnisse von Kreuzinfektionen deuten lassen, wie wir sie bereits früher bei Besprechung der qualitativen Verschiedenheiten in der Aggressivität erwähnt haben und wie sie von WELLENSIEK (1925), THOMAS (1927) u. a. beobachtet worden sind.

Ersterer hat gefunden, daß Kartoffeln heftiger angegriffen wurden durch Stämme, die von Tomate isoliert waren, als durch solche, die von Kartoffeln gewonnen waren; das Entsprechende ergab sich auch bei Infektionsversuchen mit Tomaten. Der Pilz scheint demnach auf anderen Pflanzen bessere Angriffsmöglichkeiten zu haben als auf seinem ursprünglichen Wirt. Das Umgekehrte fand THOMAS. Ein Stamm von Pfeffer war stark pathogen auf Pfeffer und Tomate, aber nicht auf Kohl, wogegen ein Stamm von Kohl stark pathogen auf Kohl war, dagegen wenig oder gar nicht auf Pfeffer und Tomate. Die Beziehungen sind demnach nicht eindeutig. Es leuchtet aber ohne weiteres ein, daß die Möglichkeit der Beeinflussung der Aggressivität durch die Wirtspflanze die Sicherheit vergleichender Untersuchungen mit von verschiedenen Wirtspflanzen isolierten Stämmen stark beeinträchtigen würde, da es unter diesen Umständen nicht leicht sein würde, parasititische Konstitution und Disposition voneinander zu trennen.

Aber selbst wenn wir die Frage der Ab- oder Umgewöhnung einmal außer Betracht lassen, die Aggressivität ist, wie wir gesehen haben, auch unter dem Einfluß anderer Faktoren mehr oder weniger modifikabel, so daß sich nur solche Infektionsergebnisse miteinander vergleichen lassen, die unter absolut gleichartigen Bedingungen gewonnen worden sind. Der Versuch, parasitische Konstitution und Disposition bei *R. solani* voneinander zu trennen, ist nur von einem Forscher gemacht worden. HARTLEY (1921) hat für die Infektionsergebnisse von zwei aufeinanderfolgenden Jahren den Korrelationskoeffizient berechnet (Abb. 15). Der hohe und vielfach gesicherte positive Wert von + 0,813 ± 0,042 zeigt, daß die Aggressivität der einzelnen Stämme weitgehend die gleichen Unterschiede in den beiden Jahren aufwies. Etwas ungünstiger fielen die von ihm durchgeführten Berechnungen für die von Peltier (1916) angestellten oben erwähnten Infektionen an Nelken aus; die Korrelationskoeffizienten betrugen hier + 0,36 ± 0,124 bzw. + 0,51 ± 0,117.

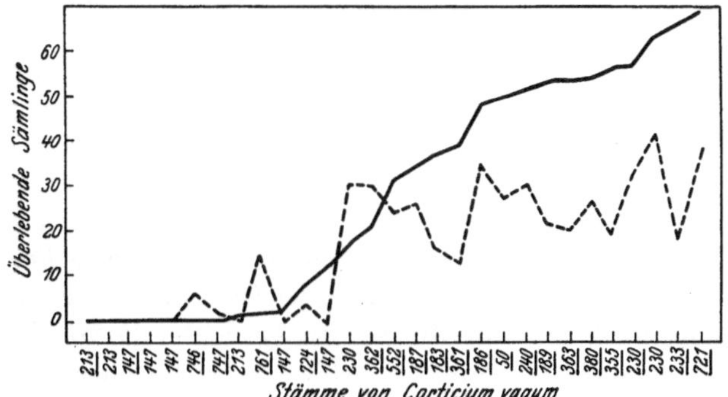

Abb. 15. Quantitative Unterschiede in der Aggressivität von 29 Herkünften von *R. solani* auf *Pinus resinosa* in zwei aufeinanderfolgenden Jahren (—— 1917, - - - - 1918). (Nach C. Hartley, 1921.)

5. Schlußfolgerungen.

Bevor wir zu der Frage nach dem Vorkommen genetisch verschiedener Rassen innerhalb der Spezies *R. solani* Stellung nehmen, seien die bisher in der Literatur vertretenen Anschauungen kurz zusammengestellt.

Die Vermutung, daß innerhalb der Spezies *R. solani* eine Reihe weiterer Individuengruppen zu unterscheiden seien, ist zuerst von Duggar (1909, S. 446) klar ausgesprochen worden: „There is reason to believe that the differences which occur between the various forms of the parasite upon a large number of hosts are only such as might be considered varietal or racial, and in some instances we have unquestionably to do with physiological forms." Corsant (1915) ist dann der Frage erstmalig experimentell nachgegangen. Er beschränkt sich aber auf eine kurze Mitteilung, daß das Aussehen einer Anzahl verschiedener Stämme, die aus Sklerotien, sterilem Myzel, Hymenium und Einzelsporen gezogen waren, einige Unterschiede aufgewiesen habe. Edson (1915) hat keine deutlichen Unterschiede im Wachstum beobachten können, dagegen solche in der Virulenz, die aber keine eindeutigen Schlüsse erlaubten. Peltier (1916) kommt zu dem Ergebnis, daß sich die Unterscheidung von Stämmen weder auf Zellmessungen noch auf Wachstumsbeobachtungen an Kulturen gründen läßt, da die Verschiedenheiten zwischen Stämmen von verschiedenen Wirten nicht größer sind als diejenigen zwischen zwei von demselben Wirt isolierten Stämmen oder sogar zwischen verschiedenen Altersstadien desselben Stammes. Die Infektionsversuche ließen keine deutliche Spezialisierung erkennen, woraus der Autor schließt, daß alle untersuchten Stämme der Spezies *R. solani* zuzuteilen sind. Die Virulenz von *R. solani* ist sehr variabel und abhängig von verschiedenen Faktoren. ROSENBAUM u. SHAPOVALOV (1917) haben ihren Stamm „R_5" durch seine Morphologie, Wachstumsweise und Aggressivität konstant von allen anderen unterscheiden können. EDSON u. SHAPOVALOV (1918) haben konstante Unterschiede in den von den verschiedenen Stämmen verursachten Wunden feststellen können. HARTLEY und seine Mitarbeiter (1918, 1921) haben konstante unterschiedliche Aggressivität zwischen einer größeren Anzahl von Stämmen beobachtet und kommen zu dem Schluß, daß erbliche Unterschiede vorliegen. MATSUMOTO (1921) hält seine beiden Stämme „P_1" und „H" für identisch; möglicherweise sind sie nichts anderes als „R_5" von ROSENBAUM u. SHAPOVALOV. „P_4" und „B_1" werden als spezialisierte Formen desselben Pilzes angesehen, während „P_7" der Charakter einer neuen Spezies zuerkannt wird. BRITON-JONES (1924) sieht alle von ihm untersuchten Herkünfte als *R. solani* an, erblickt aber gleichzeitig darin den Beweis, daß diese Spezies „several biological species or strains" enthält. Er wendet sich scharf gegen das Vorgehen von MATZ (1921)[1], der auf Grund geringfügiger Unterschiede, die noch dazu in manchen Fällen zwischen Kulturen auf verschiedenen Nährsubstraten beobachtet wurden, eine Reihe neuer Spezies aufgestellt hat, und meint, wenn er diesem Verfahren gefolgt wäre, hätte er seinen Stamm „E" in drei Spezies aufteilen können, je nachdem ob er auf frisch bereitetem Agar, auf ausgetrocknetem Agar oder auf Kartoffeln gezogen sei. K. O. MÜLLER (1925) nimmt an, daß die von ihm festgestellten morphologischen und biologischen Unterschiede zwischen Einspormyzelien, die sich von demselben Sklerotium entstammenden Hymenien ableiten, auf Verschiedenheiten in der genotypischen Konstitution beruhen. THOMAS (1925) ist der Ansicht, daß sämtliche von ihm untersuchten Herkünfte einschließlich *Moniliopsis Aderholdi, Rhizoctonia suavis, R. psychodis, R. microsclerotia* und *R. mucoroides* lediglich Stämme von *R. solani* darstellen. Er betont dabei freilich ausdrücklich, daß diese Anschauung sich ausschließlich auf Merkmale des vegetativen Stadiums stützt; eine endgültige Entscheidung lasse sich erst nach Auffinden der Fruchtform bei allen Stämmen treffen. GRATZ (1925) kommt zu dem Schluß, daß innerhalb der Spezies *R. solani* spezifisches Infektionsvermögen vorkommt, da die von Kartoffeln isolierten Stämme auf Kohl nicht pathogen sind und die von Kohl isolierten die Kartoffel nicht angreifen. BOURN u. JENKINS (1928) schließen aus der unterschiedlichen Pathogenität der von Kartoffeln und

---

[1] Die Arbeit stand mir leider nur im Referat zur Verfügung.

von Wasserpflanzen isolierten Herkunft bei wechselnden Salzkonzentrationen auf zwei verschiedene physiologische Stämme. LAURITZEN (1929) sieht die von *Brassica rapa* isolierte *Rhizoctonia* als Stamm von *R. solani* an, obwohl Infektionsversuche mit Herkünften von der Kartoffel negativ ausfielen. MONTEITH u. DAHL (1928, S. 903) kommen zu dem Schluß, daß die von ihnen gefundenen morphologischen und physiologischen Unterschiede nicht ausreichen, um die Herkünfte von Gräsern einerseits und Kartoffeln und anderen Wirtspflanzen der Spezies *R. solani* andererseits zu trennen. „It is quite probable that if a sufficient number had been included there would have been found gradations covering the whole range between any of the extremes observed in this work." Die beiden Autoren betonen gleichzeitig ausdrücklich, daß sie sich der widerstreitenden Ansichten hinsichtlich der Frage bewußt sind, was als Spezies von *Rhizoctonia* und was als Stamm von *R. solani* anzusehen ist.

Dieser letzte Hinweis trifft zweifellos, wie wir oben auch schon ausführlich dargelegt haben, die Hauptschwierigkeit bei der Entscheidung nach dem Vorkommen von biologischen Rassen innerhalb der Spezies *R. solani*. Wir bezeichneten früher als Voraussetzung für die Beantwortung dieser Frage, daß wir mit Ausgangsmaterial arbeiten, von dem wir bestimmt wissen, daß es zu der Spezies *R. solani* gehört. Wie schwierig sich gerade die Erfüllung dieser Voraussetzung gestaltet, ist eingehend dargelegt. Die als primäres entscheidendes Kriterium für die Spezieszugehörigkeit gemeinhin anerkannten morphologischen Merkmale geben uns in diesem Fall nur unsichere Unterlagen, um so mehr, als uns die höhere Fruchtform meistens nicht bekannt ist. Nun betonen aber FISCHER-GÄUMANN (1929, S. 152), daß „auch bei diesen sogenannten morphologischen Arten meistens das biologische Moment, der Wirt, ausschlaggebend ist. . . . Wir bestimmen bei der praktischen Arbeit alle höher spezialisierten parasitischen Pilze rückwärts, indem wir erst die subordinierten biologischen Merkmale (den Wirt) berücksichtigen und erst dann die superponierten morphologischen Merkmale in Erwägung ziehen". Dieser Weg erscheint auch zur Klärung der hier aufgeworfenen Frage hervorragend geeignet.

Wir gehen deshalb am besten so vor, daß wir zunächst Herkünfte des Pilzes nur von einer Wirtspflanze benutzen, beispielsweise von der Kartoffel, da in diesem Fall die größte Gewähr gegeben ist, daß wir *R. solani* vor uns haben. Solche Herkünfte stellen die von ROSENBAUM u. SHAPOVALOV benutzten dar, ferner die Stämme „P_1", „P_4", „P_7" von MATSUMOTO, zehn der von EDSON u. SHAPOVALOV isolierten, schließlich die Stämme S, A, PO und W von BRITON-JONES, sechs Stämme von GRATZ und vier Stämme von THOMAS. Es ist einwandfrei nachgewiesen, daß eine ganze Anzahl dieser Stämme sich verschieden verhalten, was vereinzelt sogar morphologisch im Hyphendurchmesser zum Ausdruck

6*

kommt. Wie vorsichtig man bei der Bewertung solcher Unterschiede freilich sein muß, geht aus den Versuchen von MONTEITH u. DAHL klar hervor. Auch BRITON-JONES hat nachdrücklich darauf hingewiesen. Diese Vorsicht ist aber nicht nur bei der Bewertung morphologischer, sondern auch physiologischer Merkmale angezeigt. Nach den angeführten Versuchen wäre es denkbar, daß Unterschiede, wie sie zwischen den oben genannten, von Kartoffeln isolierten Herkünften beobachtet worden sind, auf Nachwirkungen ungleichen Alters der Kulturen oder ungleicher Außenbedingungen während der Heranzucht der Vorkulturen zurückzuführen sind. Diesem Einwand ist als einziger K. O. MÜLLER begegnet. Bei der Entwicklung seiner Einspormyzelien, die sich aus demselben Sklerotium ableiteten, waren die äußeren Faktoren von der Aussaat der Sporen bis zur vergleichenden Prüfung der Stämme gleich. Trotzdem beobachtete er Unterschiede in der Sklerotienbildung, in der Wachstumsgeschwindigkeit, in der Myzeldichte und in der Aggressivität. Daraus schließt er, daß Verschiedenheiten in der genotypischen Konstitution vorliegen. Gleichzeitig gibt er eine Erklärung für ihre Entstehung. Scheidet man das Vorkommen von Mutationen aus, so können, wie wir früher gesehen haben, Aufspaltungen im MENDELschen Sinne höchst wahrscheinlich dadurch zustande kommen, daß durch Anastomosenbildung Kernübertritte zwischen Pilzstämmen verschiedener erblicher Konstitution erfolgen können.

Hier ist also das Vorkommen quantitativer Verschiedenheiten in der Aggressivität, mit denen einige andere physiologische Unterschiede Hand in Hand gehen, einwandfrei nachgewiesen. Wären die von K. O. MÜLLER isolierten Einspormyzelien nicht nur zur Infektion von Kartoffeln benutzt, sondern auch andere Wirtsspezies mit ihnen infiziert worden, so hätten sich möglicherweise auch qualitative Verschiedenheiten in der Aggressivität erfassen lassen. Für die Entscheidung, ob auch solche innerhalb der Spezies *R. solani* vorkommen, bieten den einzigen Anhaltspunkt vorerst die Versuche von MATSUMOTO und THOMAS. Diese Autoren haben sechs bzw. drei Wirtsspezies mit drei bzw. zwei Herkünften des Pilzes von der Kartoffel infiziert und dabei einwandfrei unterschiedliche qualitative Aggressivität feststellen können.

Bisher haben wir uns nur auf Herkünfte des Pilzes von der Kartoffel beschränkt, um sicher zu gehen, daß wir wirklich *R. solani* vor uns haben. Zwischen solchen Herkünften hat sich einwandfrei das Vorkommen quantitativer und qualitativer Verschiedenheiten in der Aggressivität, begleitet von mehr oder weniger großen anderen physiologischen, vereinzelt sogar morphologischen Unterschieden feststellen lassen. Demnach können wir ohne Zweifel von biologischen Rassen bzw. Arten sprechen, vorausgesetzt, daß es sich um konstante Merkmale handelt. Wieweit dieser Nachweis für die Versuche von MATSUMOTO, K. O. MÜLLER und THOMAS als erbracht angesehen werden kann, muß dahingestellt bleiben, da die Autoren selbst nichts darüber aussagen.

Wenn wir nun den Kreis der Herkünfte des Pilzes über die von der Kartoffel erhaltenen ausdehnen wollen, so können wir naturgemäß zunächst alle diejenigen unbedenklich miteinbeziehen, die von Wirtsspezies stammen, auf welche Herkünfte von der Kartoffel nachweislich übergehen können. Daß eine große Reihe derartiger Wirtsspezies bekannt ist, bedarf keiner weiteren Erläuterung. Desgleichen ist erwiesen, daß die von ihnen isolierten Stämme physiologische Verschiedenheiten, insbesondere solche in der Aggressivität zeigen. Damit erfährt das Beweismaterial für das Vorhandensein von biologischen Rassen innerhalb der Spezies *R. solani* eine bedeutende Erweiterung.

Schwieriger gestaltet sich die Bewertung von Herkünften, die von Wirtsspezies stammen, deren Befall durch von der Kartoffel isolierte Stämme bisher nicht bewiesen werden konnte. Ob es sich hier um spezialisierte Formen der Spezies *R. solani* handelt oder aber um Formen, denen eigener Spezischarakter zuzuerkennen ist, dürfte nicht eher endgültig zu entscheiden sein, als bis in jedem Fall die höhere Fruchtform gefunden ist. Gegenüber dem Vorgehen mancher Autoren muß aber unbedingt daran festgehalten werden, daß der positive oder negative Ausfall des Infektionsversuches allein ebensowenig als Kriterium der Spezieszugehörigkeit benutzt werden kann wie morphologische Merkmale, die ohne weitgehendste Berücksichtigung des Einflusses der Außenfaktoren ermittelt worden sind. Auf der anderen Seite verdient der Infektionsmodus vielleicht mehr Beachtung als er bisher gefunden hat[1].

Zusammenfassend können wir feststellen, daß an dem Vorkommen biologischer Rassen innerhalb der Spezies *R. solani* nicht gezweifelt werden kann. Wo im einzelnen die Grenze zu ziehen ist, was als Spezies und was als Rasse anzusehen ist, muß vorerst mehr oder weniger der individuellen Auffassung überlassen bleiben.

e) Erhaltung und Verbreitung.

Für die Erhaltung des Pilzes ist zunächst von entscheidender Bedeutung die Lebensdauer des Myzels, der Basidiosporen und der Sklerotien.

Die Lebensdauer von Myzelhyphen hat K. O. MÜLLER (1924) in der Weise untersucht, daß er eine Reihe von Agarplattenkulturen, in denen Sklerotienbildung durch geringen Nährstoffgehalt unterbunden war, längere Zeit austrocknen ließ. Impfstückchen, die nach 123 Tagen ent-

---

[1] Vor allem aber dürfte in diesem Zusammenhang der Fähigkeit zur Anastomosenbildung in Zukunft erhöhte Aufmerksamkeit zu schenken sein. Vgl. Fußnote S. 49.

nommen wurden, keimten noch aus; dagegen zeigten 138 Tage alte Myzelien keinerlei Wachstum mehr.

Weiter hat K. O. MÜLLER auch die Lebensdauer der Basidiosporen geprüft. Bei frischem Material entwickelten 97% der Sporen nach 6 Stunden Keimschläuche. Mit zunehmendem Alter traten große Unregelmäßigkeiten auf; so keimten nach 11 Tagen in dem einen Fall 0%, in dem anderen 14%. Diesen Unterschied führt K. O. MÜLLER auf innere Faktoren zurück, da die Außenbedingungen stets gleich waren. Nach 44 Tagen und darüber hinaus wurde keine Keimung mehr beobachtet.

Eine sehr lange Lebensdauer besitzen die Sklerotien. K. O. MÜLLER gibt an, daß von Knollen abgelesenes Material noch nach 19 Monaten auf Nähragar auskeimte. Aus Bodenkulturen, die PELTIER (1916) im Dezember 1911 ansetzte und dann im Laboratorium austrocknen ließ, vermochte er noch im Juli 1914 Reinkulturen zu isolieren. Kulturen, die während der Wintermonate normalen Außentemperaturen bis zu 12^0 F (-11^0 C) ausgesetzt waren und 25—50% ihres Gewichtes infolge Wasserabgabe verloren hatten, zeigten, wieder unter zusagende Bedingungen gebracht, normales Wachstum. In gleicher Weise hatten auch Kulturen unverändert ihre Entwicklungsfähigkeit behalten, die 26 Monate im Laboratorium aufbewahrt waren und in denen der ausgetrocknete Sand hart geworden war. PELTIER schließt daraus, daß tiefe Temperaturen und Trockenheit keinen Einfluß auf die Lebensfähigkeit des Pilzes haben. Nach BERTUS (1927) entwickelte sich sogar aus Sklerotien, die 1919 von *Vigna* gesammelt waren, noch 1925, also nach 6 Jahren, Myzel. BALLS (1905) berichtet, daß „resting cells", für einige Wochen in unbedecktem Wasser untergetaucht, lebensfähig blieben. Andererseits war nach PALO (1926) die Lebensfähigkeit von Sklerotien nach Untertauchen in Wasser für 2—3 Monate zerstört. Allerdings steht hier nicht ganz fest, ob es sich um *R. solani* oder eine andere Spezies gehandelt hat.

Es leuchtet ohne weiteres ein, welche große Bedeutung der langen Lebensdauer von Myzel und vor allem von Sklerotien für die Erhaltung des Pilzes zukommt. Das zeigt deutlich ein Versuch von K. O. MÜLLER (1924), in dem er sterilisierte Proben eines humusarmen Sandes mit Myzel infizierte und nach 3wöchiger mäßiger Befeuchtung 4 Monate hindurch sich selbst überließ. Der ausgetrocknete Boden nahm vollkommen müllartige Beschaffenheit an. Aus kräftig gebeizten Knollen, die anschließend ausgelegt wurden, gingen Keime hervor, die schwere Beschädigungen durch den Pilz erkennen ließen. K. O. MÜLLER meint, daß in diesem Fall der Pilz mit Hilfe der sklerotialen Zellen die lange Austrocknungsperiode überstanden habe. BOURN u. JENKINS (1928) konnten an Wasserpflanzen noch 2 Jahre, nachdem der Boden im Aquarium infiziert war, Infektion beobachten.

Diese Wahrnehmungen zeigen, daß der Pilz auch saprophytisch im Boden zu leben vermögen muß. Dafür sprach von vornherein sein Vorkommen auf jungfräulichem Boden, der also noch nie Feldfrüchte getragen hatte, und auf Boden, der jahrelang in Weide gelegen hatte (APPEL 1918, PRATT 1918). Allerdings besteht in diesen Fällen bei der Plurivorie von *R. solani* immer noch die Möglichkeit des Parasitismus. Wenn aber in sterilisiertem Boden gutes Wachstum des Pilzes zu beobachten ist, so kann kein Zweifel an seinem Saprophytismus bestehen. Auch für die Bildung der Sklerotien ist er nicht auf die Wirtspflanze angewiesen, sondern kann sie als Saprophyt im Boden entwickeln (K. O. MÜLLER 1924).

Über die Ausbreitung des Pilzes im Boden verdanken wir K. O. MÜLLER (1924) einige interessante Beobachtungen. Er konnte zeigen, daß *R. solani* vertikal sowohl auf- als auch abwärts wie horizontal sich fortentwickeln und bei optimaler Temperatur innerhalb von 14 Tagen eine Strecke von mindestens 16 cm zurücklegen kann. Für seine Ausbreitung ist weiter wichtig, daß in den Hyphenzellen eine lebhafte Stoffwanderung stattfindet, die es dem Pilz ermöglicht, nährstoffarme Bodenstellen zu überwinden. Positiver Chemotropismus auf Nährstoffe konnte nicht nachgewiesen werden, was der Ausbreitung des Pilzes nur zum Vorteil gereicht, da ja andernfalls die Hyphen von Stellen höherer Nährstoffkonzentration erst dann weiter vordringen könnten, wenn durch Resorption der Nährstoffe ungefähr gleiche Konzentration mit der Umgebung hergestellt wäre (K. O. MÜLLER 1924). Gegenüber den Stoffwechselprodukten fremder Organismen besitzt er zum Teil eine hohe Widerstandsfähigkeit. K. O. MÜLLER unterscheidet hierbei vier Typen, je nach dem Grad der Hemmung, den das Myzel in seinem Wachstum erfährt. Auch das kommt dem Pilz bei seiner Ausbreitung im Boden zustatten.

Über seine Lebensdauer im Boden sind von einzelnen Autoren Angaben gemacht worden. Genauere Ermittlungen hierüber dürften sich aber erübrigen. Bei der ausgesprochenen Plurivorie des Pilzes, seiner Befähigung zu saprophytischer Lebensweise und seiner ausgezeichneten Ausrüstung zur Überdauerung ungünstiger Lebensbedingungen ist von vornherein anzunehmen, daß er sich in einem einmal verseuchten Boden mehr oder weniger unbegrenzt zu erhalten vermag. Dafür spricht auch seine außerordentlich große Verbreitung und sein alljährliches Auftreten. Daß darüber hinaus unter Bedingungen, die ihm besonders zusagen, eine wesentliche Anreicherung im Boden eintreten kann, ist sehr wohl möglich. K. O. MÜLLER (1924) meint geradezu, daß der Befall der Kartoffeln mit jeder Klonengeneration zunimmt und der Ertrag immer mehr zurückgeht, wenn mehrere Jahre aufeinanderfolgen, die für die Entwicklung der *Rhizoctonia*-Krankheit günstig sind.

Die Verbreitung kann auf die verschiedenste Weise erfolgen. Die hohe

Lebensdauer der Sklerotien läßt von vornherein vermuten, daß ihnen die wichtigste Rolle hierbei zufällt. So hat schon ROLFS (1904) die Ansicht vertreten, daß den Sklerotien auf den Pflanzknollen in erster Linie die Verbreitung der Krankheit zuzuschreiben ist. Das ist auch heute noch der vorherrschende Standpunkt, wenngleich demgegenüber von manchen Seiten geltend gemacht wird, daß der Einschleppung nur eine untergeordnete Bedeutung beizumessen sei, weil der Pilz ein allzu verbreiteter Bodenbewohner sei. Neben den Sklerotien können sicherlich auch Chlamydosporen und Hyphen der Verbreitung dienen. Schließlich können hierfür aber auch die Basidiosporen in Frage kommen. K. O. MÜLLER (1924) hat das experimentell nachgewiesen. Er säte Sporen auf sterilisiertem Boden aus. Knollen, die 2 Monate später ausgelegt wurden, also nachdem die Sporen bereits abgestorben sein mußten, zeigten an ihren Keimen die charakteristischen Krankheitserscheinungen. Der Pilz konnte sich demnach nur aus den Sporen entwickelt haben. Von anderen Autoren werden Beobachtungen berichtet, die ebenfalls für eine Verbreitung der Krankheit durch die Basidiosporen sprechen. So glaubt RICHARDS (1921) bei einem Gefäßversuch die Verseuchung eines sterilisierten Bodens auf die Übertragung von Basidiosporen einer Nachbarpflanze zurückführen zu müssen. BERTUS (1927) vermutet in einem von ihm beobachteten Fall der Infektion zwischen den Blattscheiden und Infloreszenzen von Mais Verwehung von Basidiosporen durch Wind, da die Pflanzen in der Nachbarschaft wie auch die Wurzeln der befallenen Pflanze gesund waren. Neben dem Wind kann auch das Wasser für die Verbreitung der Sporen Sorge tragen. Dafür sprechen Untersuchungen von BEWLEY u. BUDDIN (1921), denen es mehrfach gelang, aus Leitungswasser im Gewächshaus *R. solani* zu isolieren. Das Wasser kann natürlich auch zur Verbreitung der Sklerotien dienen. Daß es bei der Verschleppung des Pilzes eine gewisse Rolle spielen kann, zeigt sein epidemisches Auftreten in den Seen von Nordkarolina. Dieses wird von BOURN u. JENKINS (1928) damit in Verbindung gebracht, daß ausgedehnte in der Nähe gelegene, mit Kartoffeln bestellte Flächen, die stark mit *R. solani* verseucht waren, in die Seen entwässerten. Innerhalb der Gewässer selbst soll dann die Verbreitung durch Wind und Wellen begünstigt sein. BALLS (1906) glaubt, daß die sore-shin-Krankheit der Baumwolle einerseits durch das Bewässerungswasser, andererseits und vor allem durch Boden verbreitet wird, der den Füßen der Arbeiter und der Zugtiere anhaftet. ROLFS (1904) mißt neben dem infizierten Pflanzgut der Verschleppung infizierter Stengel und Wurzeln auf Dungstätte und Komposthaufen sowie den Ernterückständen auf dem Acker Bedeutung zu. Während der Aufbewahrung kann nach seinen Beobachtungen an Kartoffeln außerdem eine Ansteckung von Knolle zu Knolle erfolgen. Das gleiche berichtet LAURITZEN (1929) für *Brassica rapa*.

VII. Die Beziehungen zwischen Parasit und Wirtspflanze.

a) Das Eindringen des Parasiten.

KÖHLER (1929b) unterscheidet auf Grund der Anpassung an die parasitische Lebensweise zwei Hauptstufen des Parasitismus, die er als Antiphagie und als Euphagie bezeichnet. Erstere ist die primitive Stufe und dadurch gekennzeichnet, daß der Pilz bei seinem Angriff auf die nährstoffbietende Wirtszelle diese rasch und vollständig desorganisiert, mit der Folge, daß sie abstirbt. Zu diesem Typ stellt KÖHLER *R. solani*.

Die Angaben über den eigentlichen Infektionsvorgang lauten nicht einheitlich. Mehrere Autoren vertreten den Standpunkt, daß *R. solani* nur durch vorhandene Öffnungen in den Wirt eindringen könne. Tomatenfrüchte z. B. bleiben nach ROLFS (1905) gesund, solange sie grün sind und die Schale unbeschädigt ist. Ist die Schale der reifen Frucht dagegen irgendwie gequetscht, so kann der Pilz leicht eindringen, der im übrigen häufig auch vom Stengelende aus Eingang findet. Auch POOL (1908) und ROSENBAUM (1918) konnten niemals das Eindringen durch die unverletzte Epidermis nachweisen. In Kartoffelknollen dringen die Hyphen nach ROLFS (1902) und RAMSEY (1917) häufig durch die Lentizellen ein, nach FRANK (1898) durch verletzte Stellen. Nach RICHARDS (1921) vermag der Pilz die äußere Korkschicht von Rüben nicht zu durchdringen, während nach APPEL (1917) für den Befall von Kartoffeltrieben eine Eingangspforte notwendig ist oder der Trieb wenigstens schwächlich sein muß. In Nelken dringt der Pilz durch Risse in der Korkschicht ein; das Vorhandensein von Wunden ist geradezu eine Vorbedingung der Infektion (PELTIER 1919).

Im Gegensatz zu den bisher angeführten Beobachtungen glauben RAMSEY u. BAILEY (1929), daß der Pilz durch eine anscheinend gesunde Epidermis in die Tomatenfrucht eindringen kann. Nach RICHARDS (1922) können reife Stengel von Kartoffeln mit und ohne Verwundung infiziert werden. Das gleiche hat WESTERDIJK (1913) gefunden. Nach WOLLENWEBER (1919) war Verwundung nicht notwendig, um Keimlinge der Knolle zum Faulen zu bringen, erleichterte aber den Befall und beschleunigte die Fäulnis. Auch K. O. MÜLLER (1924) gibt an, daß die Infektion wohl durch Verletzung gefördert wird, jedoch, abgesehen vielleicht von den jüngsten embryonalen Gewebeteilen, an jeder beliebigen Stelle möglich ist. Wie die Infektion unter diesen Bedingungen vor sich geht, darüber gehen die Ansichten ebenfalls auseinander. BALLS (1905, S. 187) hat das Eindringen des Pilzes an älteren Baumwollpflanzen verfolgt. „A short hypha protruded from a tangled mass of hyphae lying externally to the stem having pierced the cuticle and cellulose wall of an epidermal cell." Sehr eingehend ist das Eindringen des Pilzes von

MATSUMOTO (1923) und K. O. MÜLLER (1924) untersucht worden. MATSUMOTO hat Erbsenblätter einerseits mit einigen Tropfen Myzelextrakt, andererseits mit Myzel infiziert. Im zweiten Fall trat Infektion ein, im ersten nicht, woraus geschlossen wird, daß die Durchdringung der Kutikula durch mechanischen Druck ermöglicht wird. In dem gleichen Sinne wird auch die Beobachtung gedeutet, daß die Wurzeln außerordentlich leicht infiziert werden, die Stengel dagegen nur bei sehr jungen Pflanzen. Zu wesentlich anderem Ergebnis kommt K. O. MÜLLER. Er hat sowohl den Befall der Dauergewebe wie auch den embryonaler Gewebe an Kartoffelkeimen und -wurzeln untersucht. Das Verhalten des Parasiten kann in beiden Fällen ganz verschieden sein. An den Würzelchen hat K. O. MÜLLER teilweise beobachtet, daß die auf der Oberfläche entlang gewachsenen Hyphen zwischen zwei protodermalen Zellen in das Innere eindrangen. An anderen Wurzeln hat er ebenfalls anscheinend oberflächliche Hyphenauflagerungen gefunden. Genauere Beobachtung hat aber das gleiche Bild wie für die Dauergewebe ergeben. Bei diesen sucht man vergeblich nach Stellen, an denen die Hyphen in das Wirtsgewebe eingedrungen sind. Statt dessen werden die protodermalen Zellen von außen durch Ausscheidungsprodukte des Pilzes getötet. Dieser Vorgang spielt sich bei den Dauergeweben so ab, daß an den auf der Oberfläche der Keime entlang wachsenden „Langhyphen" kurzgedrungene Seitenhyphen, „Kurzhyphen", gebildet werden, die sich appressorienartig der Epidermis innig anschmiegen. Die darunter liegenden Außenwände der Epidermiszellen nehmen dann allmählich eine bräunliche Verfärbung an, das erste sichtbare Zeichen der Infektion.

b) Das Wachstum in der Nährpflanze.

Weisen die Angaben über das Eindringen des Parasiten noch gewisse Widersprüche auf, so besteht hinsichtlich seines weiteren Wachstums in der Wirtspflanze weitgehende Übereinstimmung, wenn auch im einzelnen unterschiedliche Auffassungen untergeordneter Bedeutung noch ungeklärt sein mögen. Hier tritt die Antiphagie, wie wir sie bereits bei der von K. O. MÜLLER beschriebenen Art der Infektion kennengelernt haben, durchweg mehr oder minder deutlich in die Erscheinung.

Ist der Pilz durch die Kutikula bzw. die Epidermis in das Innere eingedrungen, so verhält er sich verschieden, je nachdem ob er in embryonale oder in Dauergewebe gelangt. In ersteren wächst er teils inter-, teils intrazellular. In den meristematischen Gewebeteilen von Kartoffelwurzeln konnte K. O. MÜLLER nur interzellulares, in denen von Kartoffelkeimen auch intrazellulares Wachstum beobachten. Haustorien waren nicht zu finden. SCHANDER u. RICHTER (1923) glauben solche allerdings in jungen Kartoffeltrieben beobachtet zu haben. Ebenso trat keine formative Beeinflussung der Wirtszellen ein. Pilz und Wirtspflanze scheinen friedlich nebeneinander zu wachsen. Anders dagegen in den Dauergeweben. Für junge Baumwollpflanzeng ibt BALLS (1905) an, daß der Pilz von der Invasionsstelle aus inter- und intrazellular vordringe, wobei er die Nähe der Tanninzellen besonders zu bevorzugen scheine, bis er das Phloem erreiche. Der Eintritt in die Zellen werde wahrscheinlich durch ein Zellulose lösendes Enzym ermöglicht. Die Zellen würden abgetötet und ihr Inhalt resorbiert. In den Phloemzellen wachse der Pilz infolge der reichlichen Nährstoffzufuhr außerordentlich üppig. Dadurch werde der Pflanze sehr viel Nahrung entzogen, was schwere Störungen in den Funktionen der Wurzeln und schließlich den Tod zur Folge habe.

Entgegen dieser Darstellung kann nach K. O. MÜLLERs Beobachtungen von einem eigentlichen inter- und intrazellularen Wachstum, wie es in embryonalen Geweben zu finden ist, in den Dauergeweben im allgemeinen nicht gesprochen werden. Hier geht vielmehr das Vordringen des Pilzes in der gleichen Weise vor sich, wie es für den eigentlichen Infektionsvorgang beschrieben ist.

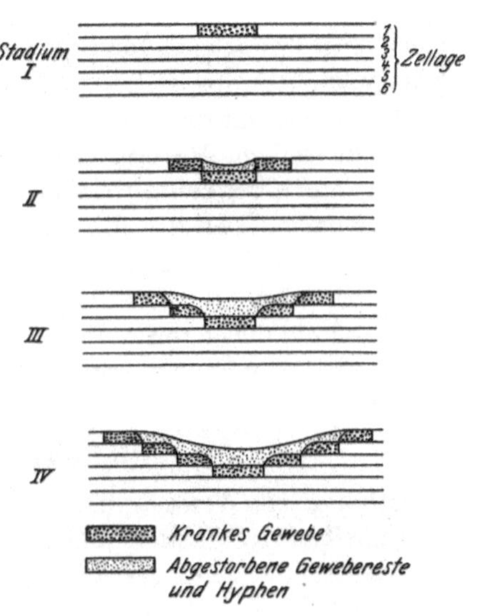

Abb. 16. Infektionsmodus von *R. solani.*
(Nach K. O. MÜLLER, 1924.)

Die von den Hyphen ausgeschiedenen Stoffwechselprodukte diffundieren zunächst in die Epidermiszellen hinein, und zwar vermutlich nicht nur in die direkt angegriffenen, sondern von diesen aus auch in ihre Nachbarzellen, bevor der Pilz bis zu diesen vorgedrungen ist. Sie rufen dort charakteristische Vergiftungserscheinungen hervor. Die Zellen sterben ab; aus ihnen treten anscheinend Stoffe ins Freie, die dem Pilz als Nahrung dienen können. Diese Vorgänge wiederholen sich bei den darunter liegenden Zellagen des Rindenparenchyms. Gleichzeitig breitet sich der Pilz auch an der Oberfläche der Epidermis von der primären Angriffsstelle in der gleichen Weise aus. In der Nähe des Gefäßbündelringes stellt er häufig sein Wachstum ein, dringt aber oft auch durch ihn hindurch in das Markparenchym ein, wo er sich dann inter- und intrazellular außerordentlich üppig entwickelt. In den Gefäßen ist er nur in verschwindenden Ausnahmen zu finden (WOLLENWEBER 1919).

In tieferen Rindenparenchymschichten sind auch Zellen gefunden worden, die den Pilz in ihrem Inneren beherbergten. Sie schienen aber tot zu sein, da das Plasma desorganisiert und der Zellkern verschwunden war. In noch lebenden Rindenzellen zeigten sich niemals Pilzfäden. K. O. MÜLLER nimmt deshalb an, daß die Zellen von dem Parasiten abgetötet werden, bevor er in sie eindringt.

Diese Darstellung des Vordringens des Parasiten, die K. O. MÜLLER in einem schematisierten Bilde sehr deutlich veranschaulicht (Abb. 16), deckt sich vollkommen mit der von Atkinson schon 1895 gegebenen Beschreibung des Pilzes auf Baumwolle. Danach scheint der Pilz niemals in die lebenden Gewebe weit vorzudringen, sondern ,,kills as it goes'' (S. 265). Der Parasit breitet sich nicht im Gewebe aus, sondern frißt sich an der Infektionsstelle ein. Das Eindringen in die Zellen geht nach Matsumoto (1923) in der Weise vor sich, daß die Hyphe, wenn sie mit der Zellwand in Berührung kommt, an der Spitze anschwillt, dann mit einem schmalen Schlauch die Zellwand durchbohrt und auf der Innenseite wieder ihren normalen Durchmesser annimmt. Der Angriff erfolgt in der Regel an einer Ecke, wo zwei Zellen zusammenstoßen. Die Hyphe dringt zwischen diesen unter Auflösung der Mittellamelle vor. Matsumoto zieht daraus den Schluß, daß der Eintritt in die Zelle nicht nur auf chemischem Wege ermöglicht, sondern auch durch mechanischen Druck unterstützt wird.

Ob und wieweit diese Auffassung den Tatsachen entspricht, muß dahingestellt bleiben. Ramsey (1917) meint, daß wirkliche Zellwanddurchdringung auftreten könne, daß sie aber eher die Ausnahme als die Regel zu sein scheine. Daß der Pilz toxische Substanzen ausscheidet, die ihm auf gewisse Entfernung vorauseilen, wird übereinstimmend berichtet. Sehr deutlich konnte Frank (1897) diesen Vorgang an Kartoffelknollen beobachten, in denen die Auflösung der Stärke in weiter Entfernung von dem Punkt zu erkennen war, welchen die vordringenden Hyphen erreicht hatten.

c) Pathologische Histologie.

Pathologische Veränderungen des Wirtsgewebes unter dem Einfluß des Angriffs des Parasiten sind gelegentlich schon bei Beschreibung des Krankheitsbildes kurz gestreift worden. Im wesentlichen handelte es sich dort aber nur um morphologische Anomalien, wie sie im Habitus der Wirtspflanze auffällig in die Erscheinung treten. Hier haben wir noch auf die feineren histologischen Veränderungen anatomischer wie physiologischer Art kurz einzugehen, wie sie nur durch besondere Hilfsmittel erkennbar werden. Lediglich bei der Kartoffel sind wir über sie etwas eingehender unterrichtet, während sich sonst in der Literatur kaum Angaben finden.

Die Knollenfäule ist nach Frank (1898) dadurch gekennzeichnet, daß in den Zellen eine Auflösung der Stärkekörner eintritt, ohne daß Zellwand und Protoplasma sich zunächst bräunen oder letzteres koaguliert, so daß die Zelle nur mit wasserklarem, farblosem Zellsaft erfüllt bleibt. Erst viel später tritt Gerinnung und Bräunung des Protoplasmas und damit der Tod der Zelle ein. Frank konnte zeigen, daß der Parasit für sich allein, ohne die Mitwirkung der lebenden Pflanze, die Stärke nicht aufzulösen vermag.

Schander u. Bielert (1928) haben eine Anzahl von Stauden, die das typische Bild des *Rhizoctonia*-Rollens zeigten, auf degenerative Veränderungen des Gewebes der Siebteile, wie sie als Phloemnekrose bekannt sind, und auf Stärkeschoppung untersucht. Sie fanden verschiedentlich akute Phloemnekrose, trafen sie aber nicht in allen Fällen an, während Stärkeschoppung nie zu beobachten war.

Eine sehr eingehende Schilderung der Veränderungen in den Geweben von Keimen und Wurzeln verdanken wir K. O. Müller (1924), wobei das Hauptgewicht auf die Vorgänge innerhalb der einzelnen Zelle gelegt ist. Unter dem Einfluß der in sie hineindiffundierenden Stoffwechselprodukte des Parasiten nehmen Membran und Plasma an der Stelle, wo sich die Hyphe der Zelle anlagert, einen braunen Farbton an. Der Kern wandert in die Nähe der Angriffsstelle, vermutlich infolge chemotaktischer Reizung. Weiterhin dehnt sich die Verfärbung über die ganze Zellaußenwand aus, der plasmatische Wandbelag wird granulär, die Kerne nehmen häufig amöboide Formen an, die Zahl der Kernkörperchen erhöht sich vielfach. In einem noch späteren Stadium kollabiert die Zelle, plasmatische Differenzierungen sind nicht mehr zu beobachten, eine scheinbar homogene, tiefbraun verfärbte Masse füllt das Zellumen aus, die Membran ist stark verquollen. Von den Epidermiszellen greifen die Veränderungen auf die obersten rindenparenchymatischen Zellagen über, in denen häufig eine Teilung der Zellen in tangentialer Richtung eintritt, mit der die Bildung einer wundkorkartigen Schicht einsetzt. Inzwischen bersten die Außenwände der Epidermiszellen, so daß die Hyphen in diese eindringen können. Dadurch werden gleichzeitig die darunter liegenden Zellschichten für den Angriff des Parasiten freigelegt.

Eine besonders deutliche Korkbildung hat Ramsey (1917) bei dem von ihm als „dry core" beschriebenen Krankheitstyp der Kartoffelknolle beobachtet. Hier sind die kranken Gewebe von den gesunden durch drei bis vier Lagen von Zellen getrennt, in deren Lamellen reichlich Suberin abgelagert ist. Auf diese Weise wird dem weiteren Vordringen des Parasiten Einhalt geboten. Diese Suberineinlagerung eilt den Hyphen stets um mehrere Zellagen voraus.

Über ähnliche Erscheinungen berichtet Balls (1905) bei Baumwollsämlingen. Wenn der Angriff des Pilzes infolge ungünstiger Außenbedingungen etwas gehemmt wird, dann gewinnt die Pflanze genügend Zeit zur Abwehr. Die an die infizierten Epidermiszellen sich anschließenden Zellen der Rindenschicht teilen sich wiederholt; es kommt zur Bildung eines Korkkambiums, das hauptsächlich Kork und nur wenig Phelloderm erzeugt. Das Korkkambium entsteht etwa drei Zellagen entfernt von den infizierten Zellen.

d) Resistenz, Immunität und Virulenz.

Die im letzten Abschnitt skizzierten Reaktionen der Wirtspflanze
weisen schon darauf hin, daß der Erfolg des parasitären Angriffs nicht
nur von der Aggressivität des Parasiten abhängt, sondern auch von der
Eignung der Pflanze, von ihm befallen zu werden. Diese Eignung bezeichnet man als Empfänglichkeit oder Anfälligkeit, ihre Negation als
Unempfänglichkeit oder Widerstandsfähigkeit. Sie ist ebenso wie die
Aggressivität einerseits genetisch bedingt, andererseits unterliegt sie dem
Einfluß äußerer Faktoren. Die Widerstandsfähigkeit kann weiter eine
vorwiegend passive Eigenschaft sein oder eine aktive Betätigung der
Wirtspflanze darstellen. Letztere allein bezeichnen FISCHER-GÄUMANN
(1929) als Immunität, freilich unter Einbeziehung auch jener Fälle, in
denen der infizierte Organismus auf den Krankheitserreger gar nicht
reagiert oder sich an ihn gewöhnt hat. Wie sich diese zweite Form der

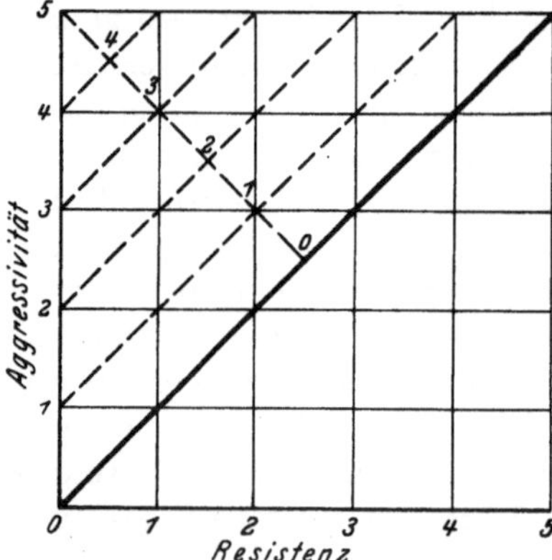

Abb. 17. Beziehungen zwischen Resistenz
und Aggressivität.

Immunität allerdings von der Resistenz trennen lassen soll, erscheint
nicht ganz einleuchtend. Unter
Resistenz verstehen sie nämlich die
passive Widerstandsfähigkeit.

Die Feststellung der Anfälligkeit
bzw. Widerstandsfähigkeit des Wirtes ist ebenso wie die der Aggressivität des Parasiten nur mit Hilfe
des Infektionsversuches möglich.
Sie begegnet deshalb den gleichen
Schwierigkeiten, die wir bei Bestimmung der Aggressivität kennengelernt haben. Der Infektionserfolg
ist das Ergebnis der Aggressivität

einerseits, der Widerstandsfähigkeit bzw. Anfälligkeit andererseits.
Die Beziehungen gehen ohne weiteres aus dem folgenden Schema
hervor (Abb. 17).

Stellt die Abszisse die Widerstandsfähigkeit, die Ordinate die Aggressivität dar, so bezeichnen alle Schnittpunkte rechts der Diagonale negativen, alle Schnittpunkte links von der Diagonale positiven Ausfall des
Infektionsversuches. Der positive Ausfall kann ferner, wenn wir beispielsweise je fünf verschiedene Grade der Widerstandsfähigkeit und der
Aggressivität annehmen, graduell abgestuft sein, indem die Schwere der
Erkrankung senkrecht zu der Diagonale zunimmt. Parallel zu letzterer
zeigt sie dagegen keinerlei Veränderungen. Es ist daher nicht ohne weiteres zu entscheiden, wieweit der Infektionserfolg durch die Aggressivität
des Parasiten und wieweit er durch die Widerstandsfähigkeit bzw. Anfälligkeit des Wirtes bedingt ist. Er stellt sich vielmehr dar als Differenz

zwischen diesen beiden Komponenten, die FISCHER-GÄUMANN (1929), wie bereits früher erwähnt, als Virulenz bezeichnen. Wir bestimmen deshalb letzten Endes nur die Virulenz und ziehen aus ihr Schlußfolgerungen auf die Aggressivität einerseits und die Widerstandsfähigkeit bzw. Anfälligkeit andererseits. Versuche, die dem Nachweis unterschiedlicher Aggressivität auf seiten des Parasiten dienen, werden darum häufig gleichzeitig auch zur Demonstrierung unterschiedlicher Widerstandsfähigkeit auf seiten des Wirtes herangezogen werden können.

Die Frage der Widerstandsfähigkeit ist von einer ganzen Reihe von Forschern untersucht worden. Dabei handelt es sich einmal um unterschiedliche Widerstandsfähigkeit verschiedener Wirtsspezies bzw. kleinerer systematischer Einheiten. Weiter ist aber auch von Interesse, wieweit verschiedene Entwicklungsstadien eines Wirtes sich in dieser Hinsicht unterschiedlich verhalten. Und schließlich erhebt sich die Frage nach der Beeinflussung der Widerstandsfähigkeit.

Denken wir an die früher dargelegte Plurivorie von *R. solani*, so können wir zunächst einmal feststellen, daß allgemein eine weit verbreitete Anfälligkeit der Pflanzen gegenüber diesem Pilz besteht. Damit ist freilich durchaus noch nicht gesagt, daß es auch immer zu einer Erkrankung kommt. Diese ist ja, wie wir eben gezeigt haben, nicht nur von der Anfälligkeit des Wirtes abhängig, sondern auch von der Aggressivität des Parasiten. Nun wissen wir aber, daß die Spezies *R. solani* sich aus einer Anzahl von biologischen Rassen zusammensetzt. Betrachten wir das Verhalten einer Reihe von Wirtsspezies gegenüber einzelnen dieser biologischen Rassen, so ändert sich das Bild vollkommen.

Gegenüber dem Stamm Carnation R.F. von PELTIER (1916) erwiesen sich *Solanum melongena* als widerstandsfähig, dagegen *Lactuca* und *Brassica* als anfällig. Ferner sei erinnert an die in Tabelle 12 gegebene Zusammenstellung von THOMAS (1925). Hier ist sofort erkennbar, wie für jeden einzelnen Stamm die geprüften Wirtsspezies bald widerstandsfähig, bald mehr oder weniger anfällig sind. Weiter sei auf einen Versuch von GRATZ (1925) hingewiesen. 13 verschiedene Wirtsspezies wurden infiziert mit einem von *Brassica oleracea* isolierten Stamm von *R. solani*. *Allium cepa* und *Solanum tuberosum* zeigten keinerlei Krankheitssymptome. *Trifolium pratense, Medicago sativa, Vicia sativa, Phaseolus vulgaris* und *Gossypium herbaceum* erkrankten leicht, indem sich an den Stengeln Wunden bildeten, während *Brassica rapa, Raphanus sativus, Beta vulgaris, Solanum melongena, Arctium minus* und *Lactuca sativa* fast durchweg sehr schwer unter „damping off" zu leiden hatten. Über unterschiedliche Widerstandsfähigkeit von Gramineen berichtet TILFORD (1925). Als anfällig erwiesen sich *Festuca rubra*, sowie einige *Agrostis*-Arten, während *Agrostis palustris* widerstandsfähiger war und *Poa pratensis, Panicum sanguinale, Cynodon dactylon* und *Trifolium repens* überhaupt nicht befallen wurden. PIPER u. COE (1919) konnten folgende im Befall abnehmende Reihe feststellen: *Cerastium vulgatum, Stellaria graminea, Festuca rubra, Agrostis palustris, Agrostis canina, Agrostis stolonifera, Agrostis tenuis, Poa trivialis, Poa pratensis, Achillea millefolium, Veronica serpyllifolia.* Nicht befallen wurden *Trifolium repens, Cynodon dactylon* und *Panicum sanguinale.* BOURN u. JENKINS (1928) arbeiteten mit verschiedenen Wasserpflanzen. Am anfälligsten erwies sich *Potamogeton pectinatus,* dann folgte *Rupia maritima,* während *Vallisneria spiralis* und *Naias flexilis* nur befallen wurden, wenn sie mit *Potamogeton* vergesellschaftet waren.

Gehen wir auch auf der Seite des Wirtes zu kleineren Formenkreisen über, wie sie uns als Varietäten oder Rassen bekannt sind, so kommen wir zu der Frage, die uns rein praktisch vom Standpunkt des Pflanzenbauers und Pflanzenzüchters ganz besonders interessiert: Unterscheiden sich die Sorten einer Kulturpflanzenart in ihrer Widerstandsfähigkeit bzw. Anfälligkeit gegenüber *R. solani*? Schon FRANK (1898) gibt an, daß die Kartoffelsorten starke Unterschiede in ihrer Anfälligkeit gegenüber der *Rhizoctonia*-Knollenfäule aufwiesen. Auch ROLFS (1902, 1904) hat beobachtet, daß die verschiedenen Kartoffelrassen sich gegen die *Rhizoctonia*-Krankheit unter denselben Bedingungen ganz verschieden verhalten und empfiehlt deshalb Kombinationszüchtung zur Erzielung immuner Rassen. Allerdings wechselt der Befall auch innerhalb der Sorten oft recht stark, trotz gleichartiger Voraussetzungen. Deshalb hält ROLFS es für möglich, daß aus Kreuzung von widerstandsfähigen Pflanzen und anschließender fortgesetzter Selektion von Saatknollen, die von solchen abstammen, eine widerstandsfähige Sorte hervorgeht. CORSANT (1915) spricht von unterschiedlicher Anfälligkeit der Kartoffelsorten, die auch bei Infektion steriler roher Kartoffelstückchen erkennbar war. Nach UTKIN (1920) ist keine Sorte widerstandsfähig. Der Ertrag schwankt aber zwischen 25,3% der Normalernte bei den am stärksten und 97,2% bei den am wenigsten befallenen Sorten. Weiter berichten über unterschiedliche Anfälligkeit WOLLENWEBER (1920), DORST (1923), PEYRONEL (1924), RAYLLO (1927), VIELWERTH (1928). Wertvoll ist aber in diesem Zusammenhang der Hinweis von DORST, daß es in den von ihm beobachteten Fällen schwer zu entscheiden sei, ob der starke Befall auf erbliche Anfälligkeit oder aber auf fortgesetzte Kultur auf infiziertem Boden zurückzuführen sei. Auf Grund der bisher vorliegenden Angaben in der Literatur kann daher vorerst keine Entscheidung in der Frage nach der unterschiedlichen Resistenz von Kartoffelsorten getroffen werden. Die Angabe von ROLFS über Unterschiede innerhalb der Sorte, die übrigens auch von WOLLENWEBER (1920) bestätigt werden, dürften eher gegen das Vorkommen einer erblich bedingten Widerstandsfähigkeit sprechen.

Außer bei Kartoffeln liegen kaum Beobachtungen über unterschiedliche Sortenanfälligkeit vor. GRATZ (1925) hat eine Anzahl von Varietäten von *Brassica oleracea* auf ihr Verhalten gegenüber einem von der gleichen Wirtsspezies isolierten *Rhizoctonia*-Stamm geprüft. Alle erwiesen sich als anfällig. Den einzigen deutlichen Beweis für unterschiedliche Sortenresistenz können wir wiederum den Versuchen von THOMAS (vgl. S. 76) entnehmen. Unter den von ihm geprüften Wirtspflanzen befinden sich auch drei Varietäten von *Begonia gracilis*. Sie wichen in ihrem Verhalten gegenüber den einzelnen Stämmen des Parasiten nicht unerheblich voneinander ab. Primadonna erwies sich allen genüber als mehr oder weniger anfällig, während die beiden anderen bald von diesem, bald von jenem Stamm nicht befallen wurden.

Die Widerstandsfähigkeit gegenüber einem Parasiten kann aber nicht nur von Spezies zu Spezies und von Rasse zu Rasse verschieden sein, auch im Entwicklungszyklus der einzelnen Pflanze können sich die jeweiligen Entwicklungsstadien durch ihre Anfälligkeit voneinander unterscheiden. Anzeichen einer derart bedingten unterschiedlichen Anfälligkeit ließen sich bereits der früher gegebenen Beschreibung des Krankheitsbildes entnehmen. Die als damping off bezeichnete Krankheit ist eine typische Sämlingserkrankung. Mit zunehmendem Alter werden die Pflanzen den Angriffen des Parasiten gegenüber widerstandsfähiger. Die Keime von *Solanum tuberosum* werden, wie wir gesehen haben, häufig vollkommen zum Abfaulen gebracht, an älteren Stengelteilen entstehen meist nur mehr oder weniger tiefe Wunden. Ähnliche Verhältnisse scheinen bei den Knollen vorzuliegen. K. O. MÜLLER (1924) erhielt bei Infektion ausgewachsener Knollen stets negative Resultate, wohingegen sich an jungen Knollen leicht Fäulnis hervorrufen ließ. Auch WOLLENWEBER (1920) berichtet über gleichartige Ergebnisse mit jungen Knollen wachsender Pflanzen. K. O. MÜLLER schließt daraus, daß das Vorhandensein von embryonalen Geweben Voraussetzung für den Befall ist. An Kartoffelwurzeln hat GÜSSOW (1917) gefunden, daß ältere Wurzeln seltener zerstört werden, am empfindlichsten ist die Wurzelhaube. Ähnliches konnte HARTLEY (1913) an Kiefernwurzeln finden. Auch hier wurden die jüngsten Teile der Wurzeln zuerst angegriffen, während ältere Wurzelteile häufig dem Eindringen widerstanden. Eine Erklärung dafür ist möglicherweise in den schon besprochenen, von K. O. MÜLLER (1924) festgestellten Verschiedenheiten in der Art der Infektion von embryonalen und von Dauergeweben zu suchen.

Den Einfluß des Alters auf den Befall hat GRATZ (1925) an Kohlsämlingen untersucht. Er nahm Aussaaten im Abstand von je 2 Wochen vor und infizierte alle Pflanzen, wenn die ältesten 20 Wochen alt waren. Während an diesen keinerlei Erkrankung zu bemerken war, zeigten die 18 Wochen alten und jüngeren Pflanzen mehr oder weniger schwere

Stengelwunden. Diese abnehmende Anfälligkeit mit zunehmendem Alter
bei Kohlsämlingen konnten auch GLOYER u. GLASGOW (1924) beobachten. Die gleiche Feststellung hat PELTIER (1916) bei Nelken gemacht.
Die in Tabelle 13 zusammengestellten Versuche mit Stecklingen und be-
wurzelten Pflanzen lassen erkennen, daß in fast allen Fällen die Widerstandsfähigkeit der letzteren bedeutend größer war als die der ersteren.
Bei noch älteren Pflanzen nahm der Erfolg der Infektion weiter ab. Er
ließ sich freilich leicht steigern durch vorangehende Verwundung. Erbsen
sind nach HAENSELER (1923) am empfänglichsten während der Kei-
mungsperiode. Für Maispflanzen hat BERTUS (1927) festgestellt, daß sie,
je älter sie werden, um so weniger anfällig sind.

Häufig vermag der Pilz seinen Wirt aber auch nicht nur in einem
einzigen Entwicklungsstadium anzugreifen, sondern in mehreren Perio-
den seiner Ontogenese. Wir sahen das bereits an der Kartoffel. Weitere
Beispiele bieten *Solanum lycopersicum, Solanum melongena, Phaseolus
vulgaris* u. a. Hier ist zum mindesten einerseits der Sämling, andererseits die Frucht bedroht. Bei anderen Wirtsspezies ist außer dem Jugend-
stadium auch die fleischige Wurzel dem Angriff ausgesetzt.

Über die Faktoren, auf die die Widerstandsfähigkeit zurückzuführen
ist, wissen wir wenig. Sie werden, wie bereits erwähnt, in passive und
aktive getrennt. Als einziges Anzeichen einer aktiven Widerstandsfähigkeit oder Immunität im Sinne FISCHER-GÄUMANNS ist möglicherweise die
früher besprochene Korkbildung zu deuten, wie sie von K. O. MÜLLER
und RAMSEY für die Kartoffel und von BALLS für die Baumwolle beschrieben worden ist. Die Ausbreitung des Parasiten kann hierdurch
zweifellos gehemmt werden. Eine andere Frage freilich ist, ob es sich
wirklich um eine spezifische Reaktion der Wirtspflanze auf den Angriff von *R. solani* handelt oder ob nicht vielmehr eine allgemeine
Wundreaktion vorliegt. RAMSEY und BALLS bringen allerdings die
Korkbildung, die stets 3—4 Zellagen von dem vordringenden Parasiten entfernt einsetzt, mit toxischen Substanzen in Verbindung, die
von dem Pilz ausgeschieden werden und ihnen voraus diffundieren.
Es muß demgegenüber aber doch daran erinnert werden, daß auch der
normale Wundverschluß der Kartoffel, abgesehen von Korkeinlage-
rungen in der ersten und zweiten Zellage unter der Verletzung, durch
Bildung eines Wundperiderms in der dritten und vierten Zellage erfolgt (APPEL 1906).

Als Faktor passiver Widerstandsfähigkeit läßt sich die Beobachtung
deuten, daß aufrechtstehende Typen von *Lactuca sativa* infolge ihres
Habitus von dem Pilz nicht befallen werden, obwohl sie an sich anfällig sind (DYE 1922). Das gleiche würde für entsprechende Formen
von *Solanum lycopersicum, Phaseolus vulgaris* u. a. zutreffen, wo Befall
der Früchte meist eine Berührung mit dem Erdboden voraussetzt. Hier-

hin würde auch die von BALLS (1905) behauptete Begünstigung des Hyphenwachstums in der Nachbarschaft von Tanninzellen zu rechnen sein. Schließlich scheint die „ Yelly-end"-Fäule der Kartoffelknolle durch passive Anfälligkeit bedingt zu sein. Nach SHAPOVALOV u. LINK (1924) ist *R. solani* nicht imstande, ernsthafte Zerstörungen einer normal zusammengesetzten Knolle hervorzurufen. Gewöhnlich soll sie diejenigen Teile der Knollen befallen, die sukkulent und besonders stärkearm sind, wie sie an den Enden langer Kartoffeln und an Auswüchsen vorkommen. Infolgedessen tritt sie auf runden Knollen nie auf, dagegen auf solchen vom Burbanktyp.

Genau wie die Aggressivität des Parasiten unterliegt auch die Widerstandsfähigkeit des Wirtes der Beeinflussung durch äußere Faktoren, sie ist modifizierbar. Man spricht dann von der Disposition der Pflanze im Gegensatz zu ihrer erblich bedingten Konstitution. Eindeutige Untersuchungen, die dem Einfluß der Disposition des Wirtes auf den Befall durch *R. solani* gelten, liegen nicht vor. Sie begegnen naturgemäß gewissen Schwierigkeiten, da die Feststellung eines eventuellen Einflusses der Disposition wiederum nur im Infektionsversuch möglich ist. Versuchsbedingungen, die eine Änderung der Disposition herbeiführen sollen, werden demnach sehr leicht auch die Aggressivität des Parasiten modifizieren können. Es ist dann schwer zu entscheiden, wieweit der Infektionserfolg auf die Modifikabilität der Widerständsfähigkeit des Wirtes und wieweit er auf die Modifikabilität der Aggressivität des Parasiten zurückzuführen ist. Was im allgemeinen festgestellt wird, ist lediglich der Einfluß äußerer Bedingungen auf das Auftreten der Krankheit, ohne im einzelnen der Frage nachzugehen, inwieweit jede der beiden Komponenten dabei Änderungen erfahren hat.

e) Einfluß äußerer Faktoren auf Auftreten und Verlauf der Krankheit.

Bei Besprechung der durch *R. solani* verursachten Stengelfäule der Nelken vertritt PELTIER (1919) den Standpunkt, daß ihr wechselndes Auftreten nicht auf die unterschiedliche Verbreitung des Parasiten zurückzuführen ist, sondern in engem Zusammenhang mit klimatischen und edaphischen Bedingungen steht, die seine Ausbreitung und Entwicklung begünstigen und gleichzeitig auch Konstitution und Disposition der Pflanze beeinflussen. „It persists indefinitely under diverse conditions in arable soils. However, it is only when conditions are favorable for its development that is becomes an active parasite." Welche Faktoren auf das Auftreten der Krankheit von Einfluß sind und in welcher Richtung sie sich auswirken, darüber liegen eine große Zahl von Mitteilungen vor, die sich teilweise stark widersprechen.

1. Bodenart.

Große Verschiedenheit zeigt sich z. B. in den Angaben, auf welchen Böden eine starke Schädigung durch den Pilz zu erwarten ist. ROLFS (1902) nimmt an, daß *R. solani* auf leichterem und besser dräniertem Boden weniger zusagende Bedingungen findet. Auch ORTON (1913) ist der Meinung, daß er hauptsächlich auf schwerem, wenig gelüftetem oder überbewässertem Boden vorkommt. Auf Grund seiner Untersuchungen über den Wurzelbrand der Rüben glaubt EDSON (1915) die Anschauung bestätigen zu können, daß Lehmböden und solche, die großen Mangel an organischer Substanz leiden und eine feine dichte Struktur besitzen, für die Entwicklung der *Rhizoctonia*-Krankheiten am günstigsten sind. Eine noch größere Bedeutung mißt er freilich der Bodentemperatur bei. Ebenso vermutet BRITON-JONES (1925) auf Grund seiner Beobachtungen an Baumwolle, daß der Pilz in schwerem tonigem Lehmboden günstigere Bedingungen findet als in leichterem Boden. Auch K. O. MÜLLER (1924) ist der Ansicht, daß der Befall der Kartoffeln in der Regel auf schwereren Böden viel stärker als auf leichten sei. MORSE u. SHAPOVALOV (1914) stellen starke Verbreitung der Krankheit auf dräniertem Lehm mit Sand fest. DORST (1923) beobachtete besonders schweres Auftreten auf sandigem Lehmboden und auf wieder bebautem Weideland. SCHANDER u. RICHTER (1924) geben an, daß das durch den Pilz verursachte Absterben von Augen oder jungen Trieben besonders häufig auf Sandböden in kalten, nassen Frühjahren zu finden sei. Als Wurzelzerstörer der Batate erscheint *R. solani* vorherrschend auf leichtem sandigem Boden (HARTER u. WHITNEY 1927). Nach WESTERDIJK (1913) gedeiht der Pilz auf stark moorigem Boden gut.

2. Humusgehalt.

Demnach scheint die Krankheit auf allen Bodenarten auftreten zu können, so daß diesem Faktor als solchem ein direkter Einfluß kaum beizumessen sein wird. Nur ein Bestandteil des Bodens dürfte unter Umständen eine wesentlichere Rolle spielen, sein Humusgehalt. In dieser Hinsicht ist ein Versuch K. O. MÜLLERS (1924) von Interesse.

Dieser Autor infizierte verschiedene sterilisierte Erdproben mit Reinkulturen des Pilzes, und zwar Humuserde, wie sie von den Gärtnern gebraucht wird, lehmige Erde, die nur verhältnismäßig wenig sandige Bestandteile enthielt und sandige Erde, die zum überwiegenden Teil aus feinkörnigem Sand bestand. Auf allen drei Proben entwickelte sich der Pilz und wuchs auf der Oberfläche spinnwebartig entlang. Das Wachstum war aber sehr unterschiedlich. Am üppigsten gedieh er in den Humuskulturen, am schwächsten auf dem Sand, während das Wachstum auf dem Lehm eine Mittelstellung einnahm. Die gleiche Abstufung zeigte die Sklerotienbildung.

Das steht im Einklang mit den Feldbeobachtungen K. O. MÜLLERS; die Krankheit trat besonders häufig auf humosen Böden auf. K. O. MÜL-

LER erklärt dies damit, daß an solchen Standorten der Anteil an organischen Bestandteilen verhältnismäßig groß ist und der Pilz sich deshalb saprophytisch besonders üppig entwickeln kann. Damit sei die Möglichkeit einer Infektion erhöht, weil in solchen Böden das Hyphennetz viel dichter werde, als wenn geringere Nährstoffmengen vorhanden seien. WOLLENWEBER (1920) deutet freilich den Einfluß des Humusgehaltes auf den Krankheitsbefall ganz anders. Seinen Beobachtungen nach gibt es anmoorige, humusreiche Böden von schwachsaurer Reaktion, in denen der Pilz verbreitet und dabei doch harmlos ist. Er glaubt, daß der Humusreichtum des Bodens mit seiner guten Durchlüftung und seinen desinfizierenden Eigenschaften den Pilz in seiner saprophytischen Lebensweise und die Kartoffel in ihrer Widerstandsfähigkeit begünstigt. In die gleiche Richtung scheinen Versuche von PELTIER (1919) mit Stalldung zu *Dianthus caryophyllus* zu weisen. Die Ergebnisse waren zwar etwas widersprechend. Im ganzen schien aber die Düngung wenig Einfluß auf das Auftreten der Stengelfäule zu haben. Zu entgegengesetzten Resultaten sind andererseits DORST (1923) und SMALL (1927) gekommen. Ersterer konnte nach Zuführung von Ziegendung im 2. Jahr eine ausgesprochene Zunahme der Krankheit bei Kartoffeln feststellen; letzterer beobachtete stärkeres Auftreten von ,,foot rot" bei *Solanum lycopersicum* nach Gaben von Stalldung.

Bei Zuführung organischer Substanzen zum Boden darf aber nicht vergessen werden, daß dadurch nicht nur eine Anreicherung an Nährstoffen eintritt, sondern daß auch die physikalischen, chemischen und biologischen Eigenschaften des Bodens sich weitgehend ändern können. Vielleicht ist diesen Veränderungen der Haupteinfluß auf das Auftreten der Krankheit beizumessen.

3. Kunstdünger.

Angaben, ob Zuführung von künstlichen Düngemitteln den Befall durch *R. solani* beeinflußt, liegen bisher kaum vor. KÜHN (1858) sieht als begünstigend sehr stickstoffreiche Düngemittel an. Da er aber um diese Zeit *Actinomyces*-Schorf und *Rhizoctonia*-Grind noch nicht voneinander getrennt hat, ist dieser Angabe wenig Sicheres zu entnehmen. PELTIER (1919) hat *Dianthus caryophyllus* mit Kaliumsulfat und Ammoniumsulfat in verschiedenen Mengen gedüngt und den Krankheitsbefall festgestellt. Deutliche Beziehungen ließen sich nicht erkennen. Allerdings wurden außerordentlich hohe Gaben angewandt, so daß PELTIER eine Schwächung der Pflanzen vermutet, die die Infektion begünstigt hat. SMALL (1927) hat einen Düngungsversuch mit *Solanum lycopersicum* angestellt, bei dem neben Volldüngung auch je eine Düngung unter Fortlassung eines der drei Nährstoffe der Volldüngung gegeben wurde. Auch hier ließen sich keine eindeutigen Schlußfolgerungen aus den Ergebnissen ableiten. Umstritten ist die Frage der Kalkung. Wenn ihr überhaupt ein Einfluß beizumessen ist, dann dürfte er schwerlich auf ihrer Nährwirkung beruhen, sondern auf Änderungen in der Bodenstruktur und in der Bodenreaktion, wie sie ja auch durch andere Düngemittel bedingt sein können.

4. Bodenluft.

Welcher Art solche Änderungen in der Bodenstruktur sein können, deutet K. O. MÜLLER (1924) an. Stärkeres Auftreten der Krankheit auf schweren Böden bringt er damit in Verbindung, daß diese Bodenarten verhältnismäßig leicht verkrusten. Die Kartoffelkeime leiden unter Luftmangel und werden durch den mechanischen Widerstand des Bodens in ihrer Triebkraft geschwächt. Infolgedessen entwickeln sie sich langsamer und die kritische Zeit für den Befall der embryonalen Gewebe wird verlängert. Auch von ROLFS (1904) ist auf die Möglichkeit derartiger Zusammenhänge bereits hingewiesen. Ob die Vermutung, daß möglicherweise eine Schwächung des Keimes auch eine geringere Widerstandsfähigkeit gegen den Angriff des Parasiten zur Folge hat, zu Recht besteht, muß dahingestellt bleiben. Förderung des Befalls durch Verkrustung glaubt auch BALLS (1905) bei Baumwolle beobachtet zu haben.

Nach der Auffassung anderer Autoren müßte eine Verkrustung sich freilich auch nachteilig auf das Auftreten der Krankheit auswirken können; denn sie verursacht ja Luftmangel. Wir haben früher bereits die Frage nach dem Einfluß der Luftzusammensetzung auf die Entwicklung des Parasiten eingehend besprochen und gesehen, daß verschiedene Forscher der Sauerstofftension eine große Bedeutung für die Entwicklung des Pilzes beimessen. SCHANDER u. RICHTER (1923) glauben, aus dem stärkeren Auftreten der Krankheit auf schweren Böden in trockenen Jahren und aus ihrem Ausbleiben bei Knollen, die in Sand ausgelegt waren, auf die Notwendigkeit ausreichender Sauerstoffzufuhr für die Entwicklung des Pilzes schließen zu können. PELTIER (1919) hält diese Annahme deswegen für berechtigt, weil alle Beschädigungen durch *Rhizoctonia* an oder nahe der Oberfläche und selten 3—4 Zoll unterhalb auftreten. Auch BALLS (1905) vermutet das gleiche auf Grund von Beobachtungen bei Baumwolle.

Er unterscheidet im Hinblick auf Luftzufuhr und Feuchtigkeitsgehalt zwei Zonen; oberirdisch ist erstere unbegrenzt, letztere niedrig, unterirdisch liegen die Verhältnisse umgekehrt. In beiden Fällen ist die Entwicklung des Parasiten gehemmt. Nur dort, wo die beiden Zonen übereinandergreifen, sind die Voraussetzungen für die Möglichkeit einer Infektion gegeben. Eine Bestätigung für die Richtigkeit seiner Anschauung sieht BALLS darin, daß Auflockerung der Bodenfläche sofort zur Infektion führte, während sie bei dichter Verschlemmung nur in ganz wenigen Fällen eintrat.

Demgegenüber müssen wir erneut darauf hinweisen, daß nach unseren Beobachtungen die Entwicklung des Parasiten in weiten Grenzen von der Sauerstofftension unabhängig ist. Ein wachstumshemmender Sauerstoffmangel ist unter Freilandbedingungen kaum zu erwarten. Eine Möglichkeit zur Lösung dieser Widersprüche ist vielleicht in der oben angeführten Anschauung von WOLLENWEBER über den Einfluß der Humusanreicherung auf die Lebensweise des Pilzes gegeben. Unter bestimmten Bedingungen wird in dem einen Fall die saprophytische, in dem anderen die parasitische Lebensweise mehr gefördert. Das könnte natürlich weitgehend auch davon abhängen, wie sich diese Bedingungen auf das Gedeihen der Wirtspflanze auswirken. Schließlich ist auch die Möglichkeit des Vorkommens verschieden pathogener Pilzrassen nicht ganz von der Hand zu weisen.

5. Feuchtigkeit.

Die Auffassung von BALLS weist bereits auf einen anderen für das Auftreten der Krankheit wichtigen Faktor hin, den Feuchtigkeitsgehalt des Bodens bzw. der Luft. Schon KÜHN (1858) bezeichnet Nässe als das Vorkommen des Kartoffelgrindes begünstigend. ROLFS (1904) ist derselben Ansicht. Erkrankte Pflanzen entwickelten sich leidlich gut, wenn sie weiterhin verhältnismäßig trocken gehalten und gut gepflegt wurden, wogegen schwere Schäden an den unterirdischen Trieben auftraten, sobald übermäßig viel Wasser gegeben wurde. Auch McALPINE (1912) meint, daß ein Übermaß von Feuchtigkeit krankheitsbegünstigend wirkt. Den gleichen Standpunkt vertritt K. O. MÜLLER (1924). Er hat besonders schweres Auftreten der Krankheit an nassen Standorten beobachtet. In trockenen Jahren soll sie dagegen auf den leichteren Böden fast vollständig zurücktreten können. MORSE u. SHAPOVALOV (1914) führen das Ausbleiben der *Rhizoctonia*-Naßfäule darauf zurück, daß sie ihre Untersuchungen auf gut dräniertem sandigem Lehm durchgeführt haben, der zeitweilig geradezu unter Wassermangel litt. ORTON (1913) gibt an, daß die Krankheit in bewässerten Distrikten des Westens häufiger auftrete als im Osten der Vereinigten Staaten. Im Gegensatz dazu steht die bereits zitierte Äußerung APPELS (SCHANDER u. RICHTER 1923), wonach sich die Krankheit auf schweren Böden in trockenen Jahren häufiger als in feuchten findet. Nach PEYRONEL (1924) spielt gerade die Trockenheit eine wichtige Rolle beim Angriff. Ein Wechsel zwischen Trockenheit und Feuchtigkeit soll freilich auch krankheitsfördernd wirken. Pflanzen, die regelmäßig mit Wasser versorgt wurden, litten weniger. Nach einem Versuchsbericht aus New Jersey (1927) unterbleiben Beschädigungen fast vollkommen auf Boden von hohem Feuchtigkeitsgehalt, während bei niedriger Feuchtigkeit starke Stengelwundenbildung zu beobachten war.

Für andere Wirtspflanzen als die Kartoffel wird Feuchtigkeit ziemlich übereinstimmend als den Befall begünstigend angegeben. JOHNSON

(1914) bezeichnet allgemein große Feuchtigkeit und hohe Temperatur als das Auftreten von damping off begünstigend. DUGGAR (1899) sieht Trockenheit der oberen Bodenschichten als unzuträglich für die Fäule von *Beta vulgaris* an. PELTIER (1919) konnte stärkere Stengelfäule von *Dianthus caryophyllus* bei hoher Feuchtigkeit beobachten, betrachtet freilich als ausschlaggebend die Bodentemperatur. Bei *Solanum lycopersicum* fand SMALL (1925, 1927) hemmende Wirkung von warmem, trockenem Boden. Nach HARTER (1916) herrscht die Stengelfäule der Batate auf häufig bewässerten Böden vor, während NACION (1924) Feuchtigkeit und engen Stand begünstigend für die Krankheit bei Papilionaceenarten fand. GRATZ (1925) kommt auf Grund von Versuchen mit *Brassica oleracea* zu dem Schluß, daß jede Bodenfeuchtigkeit, die für das Wachstum des Wirtes günstig ist, auch für die Entwicklung des Pilzes günstig ist. Übermäßige Feuchtigkeit war in gleicher Weise für Parasit und Wirt schädlich. Bei Baumwolle berichten ATKINSON (1892) und MASSEY (1928) über fördernde bzw. hemmende Wirkung von Feuchtigkeit bzw. Trockenheit. PARK (1927) glaubt, daß die Luftfeuchtigkeit mindestens ebenso wichtig ist wie die Bodenfeuchtigkeit. Er fand in seinen Versuchen wenig oder keinen Einfluß der Bodenfeuchtigkeit auf den Infektionsgrad, dagegen Zunahme des Befalls mit Zunahme der Luftfeuchtigkeit zwischen 41,1% und Sättigung. LAURITZEN (1929) hat den Einfluß der relativen Luftfeuchtigkeit auf die Infektion von *Brassica rapa* durch *R. solani* untersucht. Befall trat nur bei 95% Luftfeuchtigkeit ein, blieb dagegen aus bei der nächst niedrigen Stufe von etwa 75%.

Aus den Angaben geht hervor, daß im allgemeinen hohe Feuchtigkeit als den Krankheitsbefall begünstigend anzusehen ist. Der Name damping off ist ja auch gerade nach diesem Umweltfaktor gewählt worden. K. O. MÜLLER (1924) meint geradezu, es bedürfe wohl keiner besonderen Erörterung, daß die Entwicklung des Pilzes von dem Wassergehalt des Bodens in hohem Grade abhängig sei. Andererseits sind aber doch vereinzelt gegenteilige Äußerungen laut geworden. Die Vermutung liegt daher nahe, daß die Feuchtigkeit allein nicht den Ausschlag gibt, sondern häufig nur im Zusammenwirken mit anderen Faktoren betrachtet werden kann. In einzelnen Fällen sind diese Zusammenhänge ja schon angedeutet, so Feuchtigkeit und Boden, Feuchtigkeit und Temperatur. Für die letztere Kombination bringt das am deutlichsten PELTIER (1919) zum Ausdruck: „A high soil moisture is favorable to infection; a high temperature also is favorable to infection. Under conditions of both a high temperature and a high percentage of soil moisture, the loss exceeds that of either alone. In other words, soil moisture and soil temperature each have an important bearing on the loss of carnations by stem rot. With either condition prevailing or both conditions present, we have conditions very favorable for the fungus infection.“

6. Temperatur.

Im allgemeinen wird der Temperatur die wichtigste Rolle beim Auftreten der *Rhizoctonia*-Krankheit beigemessen. Über ihren Einfluß sind wir namentlich dank der Untersuchungen von Richards (1921, 1923) ziemlich genau unterrichtet. Vor ihm haben sich eingehender mit diesem Faktor Balls (1905, 1906, 1908) und Peltier (1919) befaßt. Balls kommt zu dem Schluß, daß der an Baumwolle verursachte Schaden von der Bodentemperatur abhängt, vorausgesetzt, daß genügend Myzel im Boden vorhanden ist und dieser eine normale Struktur aufweist. Kühles Wetter begünstigt den Befall, weil einerseits das Wachstum der jungen Pflanze verzögert wird und andererseits die Infektionstüchtigkeit des Parasiten bei relativ niedrigen Temperaturen am höchsten ist. Umgekehrt liegen die Verhältnisse bei höheren Temperaturen. Dazu kommt, daß die Pflanze bei 35⁰ C in 3—4 Stunden genügend Kork bilden kann, um gegen weitere Angriffe des Pilzes bei späteren niedrigeren Temperaturen geschützt zu sein. Feld- und Laboratoriumsbeobachtungen ließen diese Verhältnisse in guter Übereinstimmung erkennen. Peltier weist auf den Unterschied zwischen dem Temperaturoptimum des Pilzes, das mit 86—88⁰ F ($+30^0$ bis $+31^0$ C) allerdings hoch angegeben ist, und dem der Nelke hin, die in Gewächshäusern bei 50—53⁰ F ($+10^0$ bis $+12^0$ C) während der Nacht und 60—62⁰ F ($+16^0$ bis $+17^0$ C) bei Tage angezogen wird. Er hat Beobachtungen über den Einfluß des Zeitpunktes der Pflanzzeit und der künstlichen Infektion auf den Befall angestellt und glaubt aus ihnen auf sinkenden Befall mit abnehmenden Temperaturen schließen zu können.

Richards hat die Beziehungen zwischen dem Befall von Kartoffeln, Erbsen und Bohnen einerseits und der Bodentemperatur andererseits sehr eingehenden Untersuchungen unterzogen. Zunächst hat er im Laboratorium den Einfluß von Temperaturen zwischen etwa $+9^0$ und $+30^0$ auf das Auftreten der Krankheit beobachtet. Schäden konnten im allgemeinen im Bereich von $+9^0$ bis $+27^0$ festgestellt werden. Am stärksten waren sie durchweg bei etwa $+15^0$ bis $+18^0$ C. Über $+21^0$ C nahmen sie in der Regel schnell ab. Anders dagegen bei den tieferen Temperaturen. Richards unterscheidet bei der Kartoffel zwei Typen von Sproßbeschädigungen, „the cankering of the cortex of the basal portions of the stem and the destruction of the primordia of the young shoots before they push through the soil" (S. 480). Der letztere Typ ist der schädlichere. Während der erste Typ bei Temperaturen von $+15^0$ bis $+21^0$ C vorherrschend war und dann stark abnahm, trat der zweite Typ bei $+21^0$ C nur selten auf, wurde aber mit abnehmenden Temperaturen immer häufiger und erreichte seinen Höchstwert bei $+12^0$ C. Ähnliche Verhältnisse konnten bei der Erbse und bei der Bohne beobachtet werden. Auch hier traten Zerstörungen der Plumula fast ausschließlich bei Temperaturen unter $+20^0$ C auf. RICHARDS schließt daraus, daß Zerstörungen des Vegetationspunktes in erster Linie abhängig sind von der Wachstumsgeschwindigkeit, mit welcher die jungen Sprosse den Boden durchbrechen. Über $+21^0$ C geht dies so schnell vor sich — das Optimum für die Keimung und das erste Wachstum liegt bei der Kartoffel um $+24^0$, bei Erbse und Bohne um $+29^0$ C —, daß es gar nicht zum Angriff des Parasiten kommt. Die im Laboratorium gefundenen Ergebnisse sind für die Kartoffel im Feldversuch nachgeprüft worden. In zwei aufeinanderfolgenden Jahren ließ sich beobachten, daß Kartoffeln, die zu verschiedenen Zeiten ausgepflanzt waren, außerordentlich große Unterschiede im Befall durch *R. solani* zeigten. Die Erklärung ließ sich zwanglos in den Temperaturverhältnissen bis zum Auflauf der Knollen finden. Lagen die Temperaturen bei $+21^0$ C und darüber, so ging die Keimung ohne nennenswerte Störung vor sich, lagen sie mehr oder weniger darunter, so traten entsprechende Schädigungen auf, da die Bedingungen für die Zerstörung der Vegetationspunkte um so optimaler sich gestalteten, je tiefer die Temperaturen sanken.

Aber noch eine zweite wichtige Erkenntnis vermitteln die Untersuchungen von RICHARDS. Die Temperaturkurve für das Auftreten der Krankheit zeigte bei allen drei Spezies annähernd denselben Verlauf. Das gleiche trifft auch für Baumwolle zu. Im Gegensatz dazu verläuft die Temperaturkurve für das Wachstum der vier Wirtsspezies ganz verschieden. Für Erbse und Kartoffel liegt das Temperaturoptimum für das Wachstum zwischen $+18^0$ und $+21^0$ C, für Bohne und Baumwolle dagegen zwischen $+28^0$ und $+31^0$ C. Daß trotzdem in allen Fällen und bei allen von RICHARDS benutzten Stämmen des Pilzes das Optimum für den Befall bei $+18^0$ liegt, spricht dafür, daß der Verlauf der Erkrankung in entscheidender Weise durch die Temperaturansprüche des Parasiten bedingt wird.

RICHARDS versucht auch Erklärungen für das parasitische Verhalten des Pilzes zu geben. Einmal kann möglicherweise bei höheren Temperaturen eine Selbstvergiftung durch die ausgeschiedenen eigenen Stoffwechselprodukte eintreten, wie das bereits von BALLS (1908) angedeutet worden ist. Ferner sei erinnert an das früher besprochene verschiedene Verhalten in Reinkulturen bei hohen und niedrigen Temperaturen. Bei ersteren zeigt der Pilz die Neigung, oberflächlicher zu wachsen, während er bei letzteren in engem Kontakt mit dem Nährmedium bleibt. Schließlich könnte bei $+18^0$ die Enzymsekretion reichlicher oder die Enzymwirksamkeit kräftiger sein. Wenn auch auf der Seite des Wirtes noch die Verschiebung im Wachstumsrhythmus dazukommt, so glaubt RICHARDS doch, daß es sich hier um einen besonderen Typ des Parasitismus handelt.

Die Beobachtungen sind späterhin von verschiedenen Forschern bestätigt und ergänzt worden. HEMMI (1923) hat Infektionsversuche an *Lepidium sativum* mit *Rhizoctonia solani* und *Pythium Debaryanum* angestellt. Unter +20⁰ C überwog der erstere Pilz, über +20⁰ C der letztere. Schädigungen traten im Bereich von +10⁰ bis +30⁰ C auf; besonders stark waren sie zwischen +17⁰ und +26⁰ C. Für *R. solani* wird die optimale Schädigungstemperatur mit +16⁰ bis +24⁰ C angegeben. K. O. MÜLLER (1924) berichtet, daß die Beschädigungen der Triebspitzen in seinen Versuchen mit Kartoffeln zwischen +12⁰ und +15⁰ C viel schwerer waren als bei Temperaturen zwischen +18⁰ und +21⁰ C. Das deckt sich vollkommen mit den Beobachtungen von RICHARDS über das Vorkommen der beiden Typen von Sproßbeschädigungen. GRATZ (1925) vermochte mit Stämmen, die sich bei niedrigeren Temperaturen als pathogen erwiesen hatten, bei Bodentemperaturen zwischen +22⁰ und +25⁰ C keinen Befall von Kartoffeln zu erzielen. Nach SMALL (1927) zeigte sich starke Infektion von *Solanum lycopersicum* zwischen +16,1⁰ und +20,7⁰ C, während sie darüber und darunter abnahm. MASSEY (1928) gibt an, daß *Dolichos lablab* stark angegriffen wurde bei Bodentemperaturen von +18⁰ bis +20⁰ C, der Befall dagegen abnahm bei +22⁰ und gänzlich unterblieb über +27⁰. GRATZ (1925) nimmt als Temperaturminimum für das Auftreten von damping off bei *Brassica oleracea* +7⁰ bis +8⁰ C an, da bei +10⁰ C noch eine kleine Zahl Pflanzen erkrankte, bei etwa +5,5⁰ C aber keine mehr. Bei +31⁰ bis +32⁰ C liegt das Maximum, während ein genau begrenztes Optimum sich nicht angeben läßt, es dürfte etwa +22⁰ bis +26⁰ C umfassen. Gleichzeitig weist GRATZ aber auf den entscheidenden Einfluß der Lufttemperatur hin. Mit ihrer Zunahme nimmt der Grad der Schädigung ab, weil dadurch eine Austrocknung der obersten Bodenschichten herbeigeführt wird, die auf das Wachstum des Pilzes hemmend wirkt. Vielleicht finden auch die oben angeführten Ergebnisse von PARK auf diese Weise ihre Erklärung. LAURITZEN (1929) hat den Einfluß der Temperatur auf die Infektion von *Brassica rapa* und die Ausbreitungsgeschwindigkeit der Krankheit im Wirtsgewebe untersucht. Geprüft wurden zwölf Temperaturstufen von +1⁰ bis +32⁰ C. Die gefundenen Ergebnisse gehen aus der nachfolgenden Zusammenstellung (Tabelle 14) hervor.

Aus den Zahlen lassen sich interessante Schlußfolgerungen ableiten. Der Einfluß der Temperatur während einer bestimmten Zeitdauer bedarf keiner Erläuterung. Das Optimum für die Ausbreitungsgeschwindigkeit liegt bei +23⁰ C, das Maximum zwischen +29⁰ und +32⁰ C und das Minimum unter +1⁰ C. Sie ist zunächst relativ langsam, steigt dann bis zu einem maximalen Wert und sinkt danach wieder ab; letzteres war allerdings bei den niedrigeren Temperaturen von +8⁰ abwärts nicht festzustellen. LAURITZEN vermutet aber, daß bei längerer Versuchsdauer hier die gleiche Tendenz in die Erscheinung getreten wäre. Für den Ab-

Tabelle 14. Einfluß von Zeit und Temperatur auf die Infektion und Zerstörung von *Brassica rapa* infiziert mit *Rhizoctonia*.
(Nach Lauritzen 1929.)

Temperatur (+ °C)	Anzahl der Wurzeln	Anzahl der Infektionen nach Tagen								Durchschnittswundfläche in Quadratmillimetern nach Tagen							
		1	2	3	4	5	10	16	29	1	2	3	4	5	10	16	29
32	20	0	0	0	0	0				0	0	0	0	0			
29	20	0	20	20	20	20				0	47	108	141	168			
25	19	8	19	19	19	19				3	74	138	205	248			
23	20	5	20	20	20	20				2	68	169	250	336			
21,5	20	2	19	20	20	20				0,5	43	134	218	279			
19	16	0	15	16	16	16				0	22	88	156	255			
15,5	20	0	16	19	19	20				0	8	35	91	143			
10,5	20	0	1	5	11	17	20	20		0	0,2	1	9	23	160	442	
8	20	0	0	1	1	3	20	20		0	0	0,2	0,6	4	49	22	
5,5	20	0	0	0	0	2	13	17	19	0	0	0	0	0,9	14	81	319
2	20	0	0	0	0	0	2	3	10	0	0	0	0	0	0,3	1	9
1	20	0	0	0	0	0	0	0	1	0	0	0	0	0	0	0	0,6

fall in der Ausbreitungsgeschwindigkeit glaubt er die Diffusion von toxischen Substanzen aus den kranken in die gesunden Gewebe verantwortlich machen zu müssen; mit dem Fortschreiten der Krankheit tritt eine zunehmende Anreicherung dieser Substanzen am Rande der Wunden ein, die das Vordringen des Pilzes mehr und mehr hindert. Wir finden hier also eine Parallele zu dem früher geschilderten „staling"-Phänomen in Reinkulturen. Praktische Aufbewahrungsversuche bestätigten im wesentlichen die Laboratoriumsergebnisse und zeigten die überragende Bedeutung der Temperatur.

7. Bodenreaktion.

Im allgemeinen herrscht die Anschauung, daß der Pilz auf sauren Nährsubstraten besser als auf alkalischen wächst. Daneben fehlt es freilich auch nicht an Stimmen, die seine Entwicklung für weitgehend unabhängig von der Reaktion des Nährmediums halten. Im Einklang damit stehen die wenigen Angaben über das Auftreten der Krankheit im Freiland. Nach McAlpine (1912) gedeiht er gut auf sauren Böden. Auch Appel (1917) berichtet über besonders starkes Auftreten in humosen und schwachsauren Böden. Philipps (1923) fand den Pilz an kranken Sämlingen von *Olea laurifolia* in saurem Boden. Peltier (1919) kommt dagegen auf Grund von Gefäßversuchen mit *Dianthus caryophyllus*, bei denen er die Reaktion durch Gaben von Schwefelsäure bzw. Kalk beeinflußte, zu dem Schluß, daß der Pilz gleich gut in saurem und alkalischem Boden zu gedeihen vermag. Zu dem gleichen Ergebnis bin ich bei ähnlich angelegten Topfversuchen mit Kartoffeln gekommen. Auch Wollenweber (1920) vertritt diesen Standpunkt. Für ihn besteht kein Zweifel, daß die Reaktion des Bodens bis zu einem gewissen Grade ohne

Einfluß auf den Befall der Kartoffel durch *R. solani* ist. Er beobachtete *Rhizoctonia*-Schäden sowohl in alkalischen als sauren Böden.

8. Bodensterilität.

Ein Faktor, der auf den Parasitismus von *R. solani* einen gewissen Einfluß auszuüben scheint, ist die Sterilität des Bodens. RICHARDS (1921, 1923) hat vergleichende Untersuchungen über den Befall von Kartoffeln, *Pisum* und *Phaseolus* in sterilisiertem und nicht sterilisiertem Boden angestellt. Bei Kartoffeln waren die Schäden in letzterem deutlich höher. Diese Beobachtung ist von K. O. MÜLLER (1924) bestätigt worden. Er zieht sie auch zur Stützung seiner Annahme heran, daß bei der Sprengung der Außenwände der durch den Pilz abgetöteten Epidermiszellen auch fremde Organismen mitbeteiligt sind. In merkwürdigem Gegensatz dazu stehen die mit Bohnen und Erbsen gemachten Erfahrungen. Bei diesen beiden Wirtspflanzen war die pathogene Fähigkeit des Pilzes in nicht sterilisiertem Boden auf einen engeren Temperaturbezirk beschränkt als in sterilisiertem. Um Abstufungen im unteren Temperaturbereich zu erhalten, war die Benutzung nicht sterilisierten Bodens in gewissem Grade notwendig. RICHARDS sieht die Erklärung für das stärkere Auftreten der Krankheit in sterilem Boden in den hier viel günstigeren Entwickungsbedingungen für den Pilz. Warum dann freilich bei der Kartoffel die Beschädigungen unter den ungünstigeren Bedingungen des nicht sterilisierten Bodens schwerer waren, ist nicht recht einzusehen.

Faßt man die Ergebnisse unserer Betrachtungen über den Einfluß äußerer Faktoren auf das Auftreten der *Rhizoctonia*-Krankheit zusammen, so kann man sich des Eindruckes nicht erwehren, daß es bisher, von den Temperatureinflüssen abgesehen, trotz aller Bemühungen nur unzureichend geglückt ist, eindeutige Beziehungen zwischen der Größe der Schäden und einzelnen Außenfaktoren aufzudecken. Worauf das zurückzuführen ist, läßt sich nicht ohne weiteres entscheiden. Zunächst einmal wäre denkbar, daß das Ausmaß der Erkrankung von den Außenbedingungen in weiten Grenzen unabhängig ist. Diese Annahme hat aber wenig Wahrscheinlichkeit für sich. Weiter ist es möglich, daß die einzelnen Außenfaktoren sich in ihren Wirkungen mehr oder weniger überdecken, die Schwere der Krankheit also von der kombinierten Wirkung mehrerer Faktoren abhängt, wie das bereits wiederholt angedeutet worden ist. In diese Richtung weist z. B. auch die Beobachtung von ROLFS (1904), daß sehr heißes Wetter nur bei solchen Kartoffeln zu starken *Rhizoctonia*-Schäden führte, die gleichzeitig reichlich bewässert wurden, dagegen ohne Einfluß blieb bei spärlicher Bewässerung und guter Pflege. Weiterhin können die Bedingungen für die verschiedenen Gruppen von Krankheitssymptomen, wie wir sie früher kennengelernt haben, unter-

schiedlich sein. Das Auftreten des „Damping-off" könnte an andere Vor-
aussetzungen geknüpft sein als Fäulen von fleischigen Wurzeln oder von
Früchten. Schließlich bleibt zu bedenken, daß Beobachtungen über das
Auftreten der Krankheit nichts darüber aussagen, wieweit an ihrem Zu-
standekommen jede der beiden Komponenten, die Aggressivität des
Parasiten und die Widerstandsfähigkeit der Pflanze, beteiligt sind.
Besonders über eine eventuelle Beeinflussung letzterer durch eine Ände-
rung der Umweltfaktoren wissen wir bisher kaum etwas.

VIII. Bekämpfung.

Für die Bekämpfung von *R. solani* ist von ausschlaggebender Bedeutung, daß der Pilz zu seiner Erhaltung keineswegs auf parasitische
Lebensweise angewiesen ist, sondern ebensogut saprophytisch zu leben
vermag. Als erschwerend kommt weiter seine außerordentlich große Verbreitung hinzu. Die Auffassung, daß der Pilz Heimatrecht im Boden
hat und nur, wenn die Bedingungen für seine Entwicklung günstig sind,
zum Parasiten wird, dürfte den Tatsachen entsprechen. Das läßt von
vornherein erwarten, daß den vorbeugend wirkenden Kulturmaßnahmen
erhöhte Bedeutung zukommt. So glaubt APPEL (1918), daß man dem
Befall von Kartoffeln weniger mit einer Behandlung des Pflanzgutes als
mit Kulturmaßnahmen beikommen muß. Auf die Wichtigkeit der letzteren zum Schutze aller Wirtsspezies weist DUGGAR (1915) mit Nach-
druck hin. Daß für Anzuchtbeete und Gewächshäuser die Verhältnisse
anders liegen, ist selbstverständlich. Wir wollen uns darum zunächst
mit der Frage befassen, welche Kulturmaßnahmen in Betracht kommen,
um dem schädlichen Auftreten von *R. solani* vorzubeugen, und anschließend die technischen Bekämpfungsverfahren besprechen.

a) Kulturmaßnahmen.

Wir kamen am Schluß des vorigen Kapitels zu dem Ergebnis, daß es
bisher, abgesehen von den Temperaturverhältnissen, nur unzureichend
geglückt ist, eindeutige Beziehungen zwischen der Größe der Schäden
einerseits und einzelnen Außenfaktoren andererseits aufzudecken. Trotzdem lassen sich einzelne Kulturmaßnahmen angeben, die von der Mehrzahl der Forscher übereinstimmend empfohlen werden.

Als wichtigstes Ziel aller Kulturmaßnahmen, um einen Befall durch
R. solani zu verhindern, wird die Beschleunigung des Auflaufs der Wirtspflanzen bezeichnet. Je schneller der Auflauf, um so leichter vermag
die Pflanze dem Angriff des Pilzes zu entgehen. Sehr deutlich zeigt das
ein Versuch, den die Versuchsstation in New Jersey mit Kartoffeln
(1927) durchgeführt hat. Knollen, die 3,8 cm (1,5 Zoll) tief gepflanzt
waren, zeigten an ihren Sprossen keinen Befall durch *Rhizoctonia*, wäh-

rend bei 8,9 cm (3,5 Zoll) Pflanztiefe kein einziger Trieb gesund blieb. Neben der Pflanztiefe kommt besondere Bedeutung für die Auflaufgeschwindigkeit dem Temperaturfaktor zu. Nach den Untersuchungen von RICHARDS bestimmt die Temperatur während der ersten 6 Wochen nach dem Pflanzen der Kartoffeln die Höhe des Schadens. RICHARDS (1923) pflanzte Knollen zu verschiedenen Zeiten aus und beobachtete genau den Verlauf der Temperatur; hielt diese sich nach dem Pflanzen über $+ 21^0$ C, so war der Befall gering, blieb sie darunter, so war er hoch. Versuche von BISBY und seinen Mitarbeitern (1923) ließen keinen deutlichen Einfluß der Pflanzzeit erkennen, jedenfalls nicht innerhalb der für praktische Zwecke in Betracht kommenden Grenzen. Da aber über den Temperaturverlauf keine näheren Angaben gemacht sind und es sich noch dazu um eine einjährige Beobachtung handelt, läßt sich dies Ergebnis naturgemäß nicht verallgemeinern. Auf jeden Fall wird man aber sagen können, daß ein zu frühes Pflanzen leicht den Befall fördern kann, da die Gefahr niedriger Temperaturen während der Auflaufzeit dadurch vergrößert und infolgedessen der Auflauf verzögert wird. Um letzteren zu beschleunigen, empfiehlt HUME (1904), die Knollen vor dem Pflanzen reichlich dem Licht und der Luft auszusetzen und dadurch die Chlorophyllbildung zu begünstigen. K. O. MÜLLER (1924) berichtet, daß Pflanzgut, dessen Triebkraft gering ist, stärker befallen wird als solches, das sich durch die Entwicklung kräftiger frohwüchsiger Triebe auszeichnet. Bei der Baumwollkultur wird häufig in das gleiche Pflanzloch mit den Baumwollsamen eine Bohne ausgelegt, die infolge ihres kräftigeren Keimes leichter den Erdboden zu durchbrechen vermag, was wiederum den Auflauf der jungen Baumwollpflänzchen beschleunigt. Hier wird auch besonders auf die Wichtigkeit der Saattiefe und der Saatzeit in Beziehung zu den zu erwartenden Temperaturverhältnissen hingewiesen (BRITON-JONES 1925). Die Beschleunigung des Auflaufs kann weiter durch entsprechende Bodenbearbeitung angestrebt werden. Es sei nur auf ständige Lockerung von Böden, die zur Verkrustung neigen, hingewiesen. Ob durch bessere Lüftung gleichzeitig auch der Pilz in seiner Lebensweise beeinflußt wird, wie es von manchen Forschern vermutet wird, muß dahingestellt bleiben.

Gegenüber denjenigen Kulturmaßnahmen, die auf eine Beschleunigung des Auflaufs abzielen, treten alle anderen stark in den Hintergrund. Daß sich für die Standortswahl keine allgemein gültigen Richtlinien geben lassen, kann nach den früheren Ausführungen nicht überraschen, abgesehen davon, daß ihre Umsetzung in die Praxis bei der großen Verbreitung des Parasiten und den zahlreichen anderen Gesichtspunkten, die in erster Linie hierbei Berücksichtigung zu finden haben, Schwierigkeiten begegnen würde. Lediglich im Gewächshaus wird man für häufigen Bodenwechsel und ähnliche Vorsichtsmaßnahmen Sorge tragen

können. Im Freiland wird man sich darauf beschränken müssen, der
jeweiligen Wirtspflanzenart möglichst gesunde Anbaubedingungen zu
geben, ohne sich dabei durch die Rücksicht auf *R. solani* weitgehender
bestimmen zu lassen. Hierunter fällt auch die Regulierung der Wasser-
versorgung, eventuell durch Dränage, die allgemein eine Voraussetzung
für erfolgreiche Pflanzenkultur ist. Das gleiche gilt für die Fruchtfolge.
Von verschiedenen Autoren ist ihr zwar eine gewisse Bedeutung beigemessen; es darf aber nicht vergessen werden, daß eine Ausrottung des
Parasiten im Freiland als unmöglich angesehen werden muß. Wenn die
Wahl der Fruchtfolge also gewissermaßen ein Aushungern des Pilzes zum
Ziel haben soll, so muß dieses Bemühen von vornherein als vergeblich
bezeichnet werden. Es kann lediglich durch zeitweiliges Aussetzen des
Anbaus von anfälligen Arten seine weitere Anreicherung im Boden ver-
mieden werden. Diesem Ziel dient auch die Vertilgung von Unkräutern
(DORST 1923) und die Vernichtung von Ernterückständen (ATKINSON
1895, ROLFS 1902, HUME 1904, FULTON 1908, BERTUS 1928 u. a.). Auch
in der Düngung ist uns keine sichere Hilfsmaßnahme an die Hand gegeben. Von mehreren Forschern wird die Anwendung von Kalk empfohlen, da der Pilz saure Substrate bevorzuge. Wir mußten aber früher
feststellen, daß letzteres wohl zutrifft, daß er aber auch gegen alkalische
Reaktion außerordentlich wenig empfindlich ist. Dieser Beobachtung
entspricht die von anderen Autoren gemachte Erfahrung von der Erfolg-
losigkeit von Kalkgaben. Daß schließlich der Erntetermin eine gewisse
Rolle spielen kann, zeigt ein Versuch von BISBY und seinen Mitarbeitern (1923). Sie ernteten Kartoffeln am 1. IX., 10. IX., 4. X. und 13. X.
Der Prozentsatz grindiger Knollen war 39,0%, 43,3%, 71,4% und 82,8%. Je
später die Ernte stattfand, um so stärker war also der Sklerotienbesatz.

Leichter lassen sich naturgemäß in Anzuchtbeeten Verhältnisse schaf-
fen, die die Entwicklung des Pilzes hemmen. So empfehlen HARTLEY
u. PIERCE (1917), in Koniferenanzuchtbeeten extrem feuchten und schat-
tigen Sand zu vermeiden, sandigen Boden zu wählen, nicht zu dick zu
säen, und zwar lieber Breitsaat als Drillsaat anzuwenden. PELTIER (1919)
rät, bei der Nelkenanzucht auf möglichst niedrige Temperaturen zu
achten und nicht mehr Wasser zu geben, als für ein gesundes Wachstum
der Pflanzen absolut notwendig ist. Dagegen vertritt GRATZ (1925) den
Standpunkt, daß durch Änderung der Umweltbedingungen die Krankheit nicht bekämpft werden kann, da jede Kombination von Temperatur
und Feuchtigkeit die Entwicklung von Wirtspflanze und Parasit gleichsinnig beeinflußt. Wir werden aber sehen, daß uns zur Bekämpfung des
Pilzes in Anzuchtbeeten und Gewächshäusern andere gut wirksame Maßnahmen zur Verfügung stehen.

Als Schädling im Winterlager ist *R. solani* nur einmal erwähnt, und
zwar von LAURITZEN (1928) auf Turnips. Durch Herabdrückung der

Temperatur auf 0—2⁰ C gelingt es, die Wurzeln monatelang ohne jeden Verlust aufzubewahren, während starke Verluste eintreten, sobald die Temperatur über + 4⁰ C ansteigt. Für die Bekämpfung der „soil rot" von Tomaten während des Transportes (RAMSEY u. BAILEY 1929) liegen noch keine Erfahrungen vor.

Zu den Kulturmaßnahmen der Standortswahl und Bodenbearbeitung, sowie des Anbaus und der Pflege der Pflanzen gesellt sich als dritte große Gruppe die Auslese und Züchtung. Überwiegend wird die Wichtigkeit der Verwendung von sklerotienfreiem Pflanzgut im Kartoffelbau betont. Deshalb wird empfohlen, alle Knollen mit stärkerem Sklerotienbesatz auszuscheiden (CUNNINGHAM 1926). Einzelne Autoren (ROLFS 1902, WOLLENWEBER 1920) glauben auch, durch fortgesetzte Einzelauslese kräftiger Stauden die Widerstandsfähigkeit von weniger anfälligen Sorten erhöhen zu können. Jedoch muß diese Möglichkeit auf Grund unserer heutigen Anschauungen von der Variabilität in reinen Linien bzw. Klonen stark in Zweifel gezogen werden. Davon abgesehen ist es bisher, wie wir früher feststellen mußten, noch bei keiner Wirtsspezies geglückt, unterschiedliche Sortenresistenz einwandfrei nachzuweisen. Vorerst scheint daher wenig Aussicht zu bestehen, mit Hilfe der Immunitätszüchtung im landläufigen Sinne dem Auftreten des Pilzes begegnen zu können.

Zusammenfassend können wir feststellen, daß von den Kulturmaßnahmen im wesentlichen vorläufig nur diejenigen von Wichtigkeit sind, die geeignet sind, den Auflauf zu beschleunigen. Diesen freilich messen wir bei dem heutigen Stand der Dinge den größten Wert zur Bekämpfung der Schäden durch *R. solani* bei. Wieweit technische Bekämpfungsmaßnahmen geeignet sind, sie zu ergänzen, sollen die folgenden Ausführungen zeigen.

b) Technische Bekämpfungsmaßnahmen.

Bei den technischen Bekämpfungsmaßnahmen gegen *R. solani* kann man unterscheiden zwischen solchen, die eine Vernichtung des Erregers im Boden anstreben, und solchen, die vornehmlich auf seine Abtötung an Saat- und Pflanzgut abzielen.

1. Bodenbehandlung.

Eine Bodenbehandlung kommt in erster Linie in Gewächshäusern in Frage. Weiter ist sie wiederholt auch für Anzuchtbeete mit Erfolg benutzt worden. Dagegen kann ihr naturgemäß für größere Freilandflächen keine Bedeutung beigemessen werden. Die Beurteilung der Aussichten der einzelnen Verfahren ist dadurch erschwert, daß vielfach ihre Wirkung ganz allgemein auf das Auftreten von damping off beobachtet ist, ohne nähere Feststellung, welcher Erreger in jedem einzelnen

Fall vorliegt. Wir haben ja aber früher gesehen, daß es sich hierbei um eine Gruppe von Krankheitserscheinungen handelt, die äußerlich weitgehende Ähnlichkeit aufweisen, aber auf ganz verschiedene Ursachen zurückgehen können. SPAULDING hat nun 1914 schon darauf hingewiesen, daß „the fungi causing damping-off are so different in their characters and modes of attack that methods of treatment and chemicals to be used will vary according to the fungus found to be causing the disease'' (S. 84). Dementsprechend läßt sich aus dem mehr oder weniger starken Auftreten von damping off nur dann die Wirkung der verschiedenen Behandlungen auf *R. solani* mit Sicherheit erschließen, wenn einwandfrei feststeht, daß dieser Pilz die alleinige Ursache der Krankheit ist.

Die Desinfektion des Bodens kann auf die verschiedenste Weise erfolgen. Ein vielfach angewandtes Verfahren ist die Behandlung mit Dampf oder heißem Wasser.

ATKINSON hat es bereits 1895 in seiner ersten Abhandlung über damping off als allgemein wirksam empfohlen. DUGGAR u. STEWART (1901) drücken sich hinsichtlich *R. solani* etwas zurückhaltend aus. SELBY (1906) sieht Dampf- und Formalinbehandlung als beste Maßnahmen zur Bekämpfung der durch *Rhizoctonia* verursachten rosette-Krankheit von Salat und Tabak an. HARTLEY u. PIERCE (1917) halten Hitzebehandlung bei damping off von Koniferen nur für teilweise wirksam. PELTIER (1919) kommt zu dem Schluß, daß Dampf als einziges Mittel wirksam zu sein scheine, ohne daß das Wachstum der Nelken auf so behandeltem Boden ungünstig beeinflußt werde. Die gleiche Ansicht vertritt GRATZ (1925) für Kohlsämlinge. Nach SMALL (1927) kann infizierter Boden, selbst wenn er große Sklerotien enthält, durch einstündige Behandlung mit Dampf von 96⁰ C vollkommen von dem Pilz befreit werden.

Behandlung des Bodens mit Formaldehyd wird außer von SELBY (1906) auch von HARTLEY u. PIERCE (1917), GLOYER u. GLASGOW (1924), GRATZ (1925), CLAYTON (1926), FLACHS (1927), MAY u. YOUNG (1927) und SMALL (1927) empfohlen.

CLAYTON hat gute Wirkung mit einer 2%igen Lösung erzielt. MAY u. YOUNG wenden etwa $^9/_{10}$ Liter (1 Quarter) einer 3%igen Lösung auf etwa $^1/_5$ m² (2 Quadratfuß) an, während FLACHS 5 Liter einer 2%igen Lösung je Quadratmeter für angezeigt hält. PELTIER (1919) hat mit 0,2 bzw. 0,33- bzw. 0,8%igen Lösungen bei etwa 3,8 bzw. 3,8 bzw. 1,9 Liter je 950 cm² nur unzureichenden Erfolg gehabt; bei *Dianthus caryophyllus* traten Verluste bis zu 84% ein. Das formaldehydhaltige Beizmittel Kalimat ist von MAY u. YOUNG (1927) ohne Erfolg benutzt worden.

Vielfach sind auch quecksilberhaltige Mittel versucht worden. Zur Bekämpfung der Kohlmade (*Chortophila brassicae* BOUCHÉ) wird mit Vorliebe Quecksilberchlorid benutzt. GLASGOW u. GLOYER (1924) beobachteten nun, daß diese Behandlung gleichzeitig auch einen Einfluß auf den Befall durch *R. solani* ausübt.

Während die Kontrolle 60% kranke Pflanzen aufwies, sank dieser Anteil durch Behandlung mit Quecksilberchlorid 1:1200 (etwa 3,8 Liter auf 6—12 m Saatreihe) beispielsweise bei einmaliger Anwendung auf 19%, bei zweimaliger auf 4%, bei dreimaliger auf 3%. Von wesentlichem Einfluß auf den Erfolg ist aber nicht nur die Anzahl der Wiederholungen, sondern auch der Zeitpunkt der Anwendung. Sehr frühe Behandlung bei ein- bis zweimaliger Wiederholung im Abstand von etwa einer Woche scheint die besten Ergebnisse zu bringen. Ein Ansäuern der Lösung durch Hinzufügen von Salzsäure steigert möglicherweise die fungizide Wirkung, erwies sich aber auch für die Wirtspflanzen schädlicher. Wertvoll ist die Mitteilung der beiden Autoren, daß so behandelter Rettich nach vorherigem Waschen keinerlei schädliche Wirkungen beim menschlichen Genuß hinterließ. Im Gegensatz zu diesen Ergebnissen hat CLAYTON (1926) in 3 jährigen Versuchen mit Quecksilberchlorid in Konzentrationen von 1:3000, 1:1800, 1:1500 und 1:1200 bei ein- bis fünfmaliger Anwendung keine deutliche Wirkung feststellen können; er bringt dies mit dem verspäteten Zeitpunkt der Behandlung in Zusammenhang. THOMAS (1927) erzielte gute Erfolge bei Tomaten und Kohlpflanzen mit Konzentrationen von 1:2000, 1:1600 und 1:1000. Erfolgte die Behandlung aber erst nach Auftreten des damping off, so hatte sie keinen Wert.

Von weiteren Quecksilberverbindungen hat CLAYTON (1926) Quecksilberjodid und Quecksilbercyanid benutzt, ohne eine Wirkung auf den Befall beobachten zu können. Dagegen waren schädliche Folgen für die Wirtspflanzen zu erkennen, namentlich bei Quecksilbercyanid, das selbst in Konzentrationen von 1:3000 stark toxisch war. Das deckt sich mit den Beobachtungen von GLOYER u. GLASGOW (1924), die vollkommene Abtötung von Kohlsämlingen innerhalb 24 Stunden durch eine Lösung von 1:2000 erzielten und selbst bei 1:10000 noch Blattverbrennungen feststellen konnten.

Von den bekannteren quecksilberhaltigen Beizmitteln sind Uspulun, Semesan, Germisan, Abavit und ein Nitrophenolquecksilberpräparat von MEYER-Mainz benutzt worden.

CLAYTON (1926), der alle außer Abavit anwandte, vermochte in keinem Fall eine einwandfreie Wirkung zu erzielen. MAY u. YOUNG (1927) beobachteten bei Abavit keinen Erfolg, bei Uspulun und Semesan in einer Konzentration von 0,25% bei einer Anwendung von etwa 0,95 Liter auf etwa 900 cm^2 nur geringen. WIANT (1927) fand Semesan, Uspulun und Nitrophenolquecksilber wirksam in Koniferenanzuchtbeeten. SMALL (1927) hält Uspulun 0,25%ig für empfehlenswert gegen Tomatenfußfäule.

Von kupferhaltigen Mitteln ist Kupfersulfat von PELTIER (1919), THOMAS (1927) und SMALL (1927) als unwirksam bezeichnet worden, während HARTLEY u. PIERCE (1917) es sehr wirksam nennen. Ebenso blieb Bordeauxbrühe nach PELTIER ohne Wirkung, förderte sogar ebenso wie Kupfersulfat eher den Befall. Auch kolloidales Kupferhydroxyd sowie kolloidales Kupfercarbonat erwiesen sich nach MAY u. YOUNG (1927) und THOMAS (1927) als vollkommen unwirksam.

Kalziumhydroxyd und Kalziumsulfat sind von GLOYER u. GLASGOW (1924) mit gutem Erfolg benutzt worden, während Kalziumhypochlorid nach GRATZ (1925) ohne Wirkung blieb.

Ein Ansäuern des Bodens mit Schwefelsäure wird überwiegend als mehr oder weniger erfolglos oder gar ungünstig bezeichnet (PELTIER 1919,

MAY u. YOUNG 1927, SMALL 1927, WIANT 1927), was nach den früher besprochenen Beziehungen zwischen Entwicklung des Pilzes und Reaktion des Nährsubstrates nicht überraschen kann. Nur HARTLEY u. PIERCE (1917) geben überraschenderweise an, daß sie mit Säure die besten Ergebnisse erzielt hätten und bestätigen damit früher gemachte Angaben von HARTLEY (1902, 1912). Gerade hier handelt es sich aber nicht um Versuche, die sich nur mit *R. solani* befassen, sondern allgemein mit dem damping off von Koniferen.

Eine große Reihe weiterer Chemikalien sind vor allem von SMALL (1927) geprüft worden. Er hat Ammoniumpolysulfid, Ammoniumhydroxyd, Ammonium-carbonat, Ammoniumsulfat, Ammoniumchlorid, Ammoniumnitrat, Schwefel-blüte, Lysol, Kresolsäure, Kaliumdichlorphenol, Kaliumpermanganat zur Bekämpfung der *Rhizoctonia*-Fußfäule bei Tomaten benutzt, ohne irgendeinen Erfolg zu erzielen. MAY u. YOUNG (1927) beobachteten Schädigungen durch Natriumsilikofluorid und Natriumbifluorid. FLACHS (1927) empfiehlt 5 Liter 5%ige Carbolsäurelösung je Quadratmeter, während nach DORAN (1928) etwa $^1/_2$ Liter 1—1,2%ige Essigsäure je Quadratmeter den Boden gut desinfiziert. Schließlich sei noch eine Beobachtung von GLASGOW u. GLOYER (1924) erwähnt. Tabakstaub, der ebenfalls ein gutes Bekämpfungsmittel gegen die oben genannte Kohlmade ist, erwies sich als ein ausgezeichnetes Nährmedium für *R. solani*, die üppige Sklerotien bildete.

Besonderer Erwähnung bedarf noch die Braunfleckenkrankheit der Rasenflächen, die von PIPER u. COE (1919) ja ebenfalls auf *R. solani* zurückgeführt wird, eine Anschauung, die später von MONTEITH u. DAHL (1928) bestätigt worden ist. Mit ihrer Bekämpfung haben sich verschiedene Forscher beschäftigt.

So haben sich PIPER u. COE selbst bereits mit dieser Frage befaßt. Eine Bespritzung mit Bordeauxbrühe (etwa 4 Liter je Quadratmeter) half nur vorübergehend, so daß eine häufige Anwendung erforderlich wäre. Quecksilberchlorid, Schwefel und Eisensulfat hatten keine ausreichende Wirkung; im Gegenteil, die beiden letzteren Mittel riefen starke Schädigungen bei den Wirtspflanzen hervor. Bordeauxbrühe und Quecksilberpräparate sind weiterhin die einzigen Mittel, die zu Versuchen herangezogen worden sind (GODFREY 1925, MONTEITH 1925, OAKLEY 1925, TILFORD 1925); die Urteile lauten im allgemeinen nicht ungünstig. Jedoch weist MONTEITH darauf hin, daß die Dauer der Wirksamkeit unbestimmt ist und abhängt von Jahreszeit, Bodenbeschaffenheit, Stärke des Befalls u. a.

Diese Abhängigkeit der Wirkung von den äußeren Bedingungen ist zweifellos ein sehr gewichtiger Nachteil der Bodendesinfektion mit chemischen Mitteln. So beobachteten HARTLEY u. PIERCE (1917) ganz verschiedene Wirkung des Desinfektionsmittels in den verschiedenen Anzuchtbeeten. Die Gründe hierfür können sehr verschiedener Art sein. Auf einige weisen GLOYER u. GLASGOW (1924) hin.

Sie haben gezeigt, daß die Tiefe, bis zu welcher z. B. Quecksilberchlorid in den Boden einzudringen vermag, weitgehend durch die Reaktion des Bodens und seine physikalische Beschaffenheit beeinflußt wird. Weiter weisen sie darauf hin, daß nicht alle Pflanzen auf Sublimatbehandlung des Bodens in gleicher Weise reagieren. Während die einen sich ihr gegenüber vollkommen indifferent verhalten, sind die anderen hoch empfindlich. Die schädliche Wirkung wird außerdem durch den Feuchtigkeitsgehalt des Bodens stark beeinträchtigt. In feuchtem Boden ist sie wesentlich geringer als in sehr trockenem. Dazu kommt dann weiter, daß es in jedem Fall erforderlich ist, sich zu vergewissern, ob *R. solani* der einzige Erreger der beobachteten Krankheitserscheinungen ist. Gerade in dieser Hinsicht dürften die bisherigen Versuche der Bodenbehandlung noch manches zu wünschen übrig lassen.

Die Warnungen von HARTLEY u. PIERCE (1917) und GLOYER u. GLASGOW (1924) verdienen deshalb weitgehende Beachtung. Es ist unmöglich, eine an einer Stelle erprobte Behandlung allgemein zu empfehlen. Diese Einschränkung gilt naturgemäß nur für die Anwendung chemischer Mittel. Günstiger dürften die Dinge in dieser Hinsicht bei der Bodendesinfektion durch Hitze liegen.

Wenn es wirklich geglückt ist, den Pilz im Boden zu vernichten, so kommt alles darauf an, seine erneute Einschleppung zu verhindern. Dazu dient neben sorgfältiger Auslese des Saatgutes die Behandlung des letzteren mit chemischen Mitteln.

2. Saatgutbehandlung.

Die Verbreitung des Pilzes durch das Saatgut spielt im wesentlichen nur bei der Kartoffel eine große Rolle. Für andere Wirtsspezies wird dieser Weg der Übertragung nur selten erwähnt. So gibt FLACHS (1927) an, daß Saatgut von *Lactuca* sich bis zu 88% als infiziert erwies. Wenn trotzdem bei manchen Sämereien, die bisher nicht als Überträger von *R. solani* nachgewiesen sind, Saatgutbehandlung versucht worden ist, so kann in diesen Fällen nur der Gedanke maßgebend gewesen sein, den im Boden vorhandenen Erreger in unmittelbarer Nähe des Saatkorns abzutöten bzw. ihn von diesem fernzuhalten. Es handelt sich hier also gewissermaßen um ein kombiniertes Saatgut-Bodendesinfektionsverfahren.

Die Saatgutbehandlung zur Bekämpfung von *R. solani* beschränkt sich dementsprechend fast ausschließlich auf die sogenannte Kartoffelbeizung. Um einen geschlossenen Überblick über die diese Frage behandelnden Arbeiten geben zu können, seien die wenigen Fälle der Saatgutbehandlung anderer Wirtsspezies vorweggenommen.

FLACHS (1927) hat Salatsamen mit Uspulun, Germisan, Agfa im Tauchverfahren, Sublimoform im Benetzungsverfahren und den Trockenbeizmitteln Uspulun, Höchst und Tutan behandelt. Die beste Wirkung im Keimversuch wurde mit 0,25%igem Germisan und 0,5%igem Uspulun erzielt. SHERBAKOFF (1916)[1] hat Sellerie- und Salatsamen mit Formaldehyd und Sublimat behandelt und betont den Einfluß der Temperatur der Lösung auf ihre Wirkung. COONS u. STEWART (1917) haben mit Semesan gebeizte Rübenknäuel im Boden ausgesät, die mit *R. solani* infiziert waren, ohne den Befall dadurch eindeutig herab-

---

[1] Die Arbeit stand mir nur in einem unzureichenden Referat zur Verfügung.

drücken zu können. Mc Worther (1927) berichtet über erfolgreiche Behandlung von Rübenknäueln mit Uspulun. Hierhin gehört schließlich die Behandlung der Baumwollsamen mit Naphthalin zur Bekämpfung der sore-shin-Krankheit. Balls (1906) hat als erster dies Verfahren empfohlen. Snell (1923) hat die Versuche wiederholt, ohne die günstige Wirkung des Naphthalins bestätigen zu können. Briton-Jones (1925) kommt zu dem Schluß, daß die Behandlung bei ungünstigen Bodenverhältnissen einen wirksamen Schutz ausübt.

Die Kartoffelbeizung zur Bekämpfung von *R. solani* hat in den Vereinigten Staaten ihren Ausgang genommen. Rolfs (1902) hat als erster die Beizung der Knollen mit Sublimat empfohlen. Seitdem ist die Frage immer aufs neue untersucht worden, wobei die einzelnen Forscher zu vielfach widersprechenden Ergebnissen gekommen sind. Dabei läßt sich deutlich eine allmähliche Fortentwicklung in der Versuchsmethodik beobachten. Zunächst beschränkt man sich zum Nachweis der Beizwirkung auf Feldversuche, wobei man als Maßstab meist den Prozentsatz grindiger Knollen und den Ertrag benutzt. In einzelnen Fällen werden auch Feststellungen über das Auftreten von Stengelwunden und der höheren Fruchtform gemacht. 1913 wird dieser Weg erstmalig verlassen. Gloyer weist auf die Unsicherheit derartiger Versuchsergebnisse hin, die durch äußere Faktoren weitgehend modifiziert werden können, und untersucht deshalb die Einwirkung der Beizmittel auf die Sklerotien, indem er diese von den gebeizten Knollen ablöst und ihre Keimfähigkeit auf Kartoffelsaftagar prüft. Melhus u. Gilman (1921) sind noch einen Schritt weiter gegangen, indem sie die im Laboratorium gefundenen Ergebnisse gleichzeitig im Feldversuch nachprüften. Ist es so möglich, über die zur Abtötung des Parasiten erforderlichen Konzentrationen Aufschluß zu erhalten, so bleibt noch die Frage offen, ob diese nicht unter Umständen für die Knolle schädlich sein können. Zu ihrer Beantwortung habe ich (1926, 1928) eine Reihe von Untersuchungen angestellt und damit das Verfahren der Errechnung des chemotherapeutischen Index in die Kartoffelbeizung eingeführt. Dementsprechend wollen wir die Ergebnisse der Beizversuche unter drei Gesichtspunkten besprechen: Einwirkung der Beizmittel auf den Parasit, auf die Wirtspflanze und auf beide gemeinsam.

Mit der Wirkung der Beizung auf den Pilz haben sich vor allem Gloyer (1913), Melhus u. Gilman (1921), Thurston (1921), Raeder u. Hungerford (1922, 1925), Schander u. Richter (1924), Clark (1924), Cunningham (1925) und Braun (1926) beschäftigt. Die Mehrzahl der Forscher ist dabei so vorgegangen, daß sie zunächst die Knollen mit den Sklerotien gebeizt und dann anschließend die Keimfähigkeit der letzteren auf einem Nährmedium geprüft haben. Vereinzelt sind auch die Sklerotien vor dem Beizen von den Knollen abgenommen und vollkommen getrennt von ihnen gebeizt worden. In einem Fall ist auch die Empfindlichkeit des Myzels gegenüber den Beizmitteln geprüft worden.

Als Beizmittel dienten in erster Linie Quecksilberchlorid und Formaldehyd. Von einzelnen Forschern sind dann noch eine Reihe weiterer Präparate in die Untersuchungen miteinbezogen worden, die fast durchweg als wirksamen Bestandteil Quecksilber oder Formaldehyd enthalten. Die Ergebnisse lauten teilweise recht widersprechend.

Für Quecksilberchlorid gibt GLOYER eine Konzentration von $0,5^0/_{00}$ bei $1^1/_2$ stündiger Beizdauer als ausreichend an, um alle Sklerotien abzutöten. THURSTON fand bei 30 Minuten Beizdauer und $0,5^0/_{00}$ noch 7,1% keimend, während die gleiche Beizdauer bei $0,67^0/_{00}$ alle Sklerotien abtötete, und bei $1^0/_{00}$ bereits 5 Minuten Beizdauer zur Erzielung dieser Wirkung genügten. MELHUS u. GILMAN erhielten bei $1^0/_{00}$ und 90 Minuten noch 11% keimende Sklerotien. Erst bei 120 Minuten waren alle abgetötet, während selbst bei $2^0/_{00}$ und 90 Minuten noch 18% keimten. SCHANDER u. RICHTER erreichten eine vollkommene Abtötung mit $1^0/_{00}$ bei 30 Minuten Beizdauer, während CLARK u. CUNNINGHAM bei dieser Konzentration stets noch einen geringen Prozentsatz keimender Sklerotien fanden. BRAUN beobachtete bei $1^0/_{00}$ und 90 Minuten Beizdauer keine Keimung mehr. Eine wesentliche Steigerung der Wirkung von Quecksilberchlorid läßt sich anscheinend durch Ansäuern mit Salzsäure erreichen. CUNNINGHAM konnte durch Zugabe von 1% HCl zu einer $HgCl_2$-Konzentration von 0,33% bei 2 Stunden Beizdauer eine vollkommene Abtötung erzielen. GILMAN (1922) beobachtete außerdem Unterschiede, je nachdem ob Leitungswasser oder destilliertes Wasser als Lösungsmittel benutzt wurde; im ersten Fall keimten 7,1%, im zweiten nur 1,1%. CLARK hat mit warmen Lösungen bessere Ergebnisse erzielt als mit kalten. So genügte bei einer Temperatur von 140^0 F $(+60^0$ C) für eine Konzentration von $1^0/_{00}$ schon eine Beizdauer von 5 Minuten, um alle Sklerotien abzutöten, während bei 110^0 F $(+43,3^0$ C) noch 10% am Leben blieben.

Formaldehyd ist meist in wässeriger Lösung benutzt worden. Nur GLOYER hat auch Begasungsversuche durchgeführt, aber ohne befriedigenden Erfolg. Eine Behandlung mit einer Lösung von 1:240 bei 2stündiger Beizdauer ergab im Durchschnitt 24% keimfähige Sklerotien, während bei 1:60 noch 5% keimfähig blieben und erst anscheinend 1:20 alle abtötete. MELHUS u. GILMAN fanden bei gleicher Beizdauer und einer Konzentration von 1:240 8%, bei einer solchen von 1:120 2% keimend. CLARK beobachtete bei 1:60 und $1^1/_2$ stündiger Beizdauer noch 11% keimende Sklerotien. SCHANDER u. RICHTER halten eine Konzentration von 0,1% bei 90 Minuten und 0,2% bei 30 Minuten Beizdauer für tödlich, während BRAUN in 1stündiger Behandlung bei 0,66% noch 2% und bei 1,32% keine keimenden Sklerotien mehr fand. Auch bei Formaldehyd scheint die Temperatur die Wirkung zu beeinflussen. CLARK beobachtete z. B., daß be, 5 Minuten Beizdauer eine Konzentration von 1:120 bei 100^0 F $(37,7^0$ C) 82%, und bei 140^0 F $(+60^0$ C) 98% der Sklerotien abtötete. RAEDER u. HUNGERFORD erzielten bedeutend bessere Wirkung durch Befeuchten der Knollen mit Wasser und Bedecken für 24—48 Stunden vor der Behandlung. Dann waren alle Sklerotien abgetötet bei einer Konzentration von 1:120 einer Beizdauer von 1 bis 3 Minuten und einer Temperatur von 50—55° C.

Uspulun haben SCHANDER u. RICHTER, CUNNINGHAM und BRAUN geprüft. Erstere geben 0,25% bei 120 Minuten Beizdauer und 0,5% bei 60 Minuten Beizdauer als tötlich an, während BRAUN erst bei 2% und 60 Minuten diese Wirkung erzielen konnte und CUNNINGHAM 0,25% bei 2 Stunden Beizdauer als unwirksam bezeichnet. Kalimat wirkte nach SCHANDER u. RICHTER bei 0,5% und 60 Minuten Beizdauer tödlich, während CLARK bei 1,67% und 90 Minuten noch 32%

keimende Sklerotien erhielt. Für Kupfersulfat ist nach Schander u. Richter
die tödliche Konzentration 2% bei 6 Stunden Beizdauer, während nach Cunningham 1% bei 16 Stunden und nach Melhus 0,75% bei 2 Stunden unwirksam
sind. Für Sublimoform geben Schander u. Richter 0,5% und 60 Minuten als
tödlich an; Germisan wirkte nach Braun bei 2% und 60 Minuten tödlich, während bei Segetan 0,25% und 60 Minuten noch 2% Sklerotien lebensfähig blieben.
Nach Behandlung mit Semesan 2% bei 90 Minuten Beizdauer fand Clark noch
5—10% keimfähige Sklerotien.

Die angegebenen Grenzkonzentrationen lassen teilweise große Widersprüche in den Ergebnissen der verschiedenen Forscher erkennen. Die
Gründe sind zweifellos vielfach in der unterschiedlichen Versuchsmethodik zu suchen. Wir wissen, daß die Beizdauer von entscheidender Bedeutung für die Wirkung ist. Infolgedessen ist es wichtig, ob durch eine
entsprechende Nachbehandlung dafür Sorge getragen ist, daß die Beizdauer genau innegehalten ist. In engem Zusammenhang damit steht die
von Melhus u. Gilman angenommene wachstumshemmende Wirkung
von Sublimatrückständen in den Sklerotien. Weiter kann die Dauer des
Trocknungsvorganges einen Einfluß auf die Beizwirkung haben. Dazu
treten dann Unterschiede in der Dauer der Versuchsbeobachtung, in der
Verwendungsart der Sklerotien, ob vor oder nach der Behandlung von
den Knollen abgenommen, vielleicht auch im Alter der Sklerotien und
anderes. Ich bin an anderer Stelle (1926) ausführlich darauf eingegangen.

Bestehen schon Widersprüche in den Versuchsergebnissen selbst,
so gehen die Ansichten noch weiter auseinander, welche Konzentrationen als tödliche Mindestkonzentrationen (dosis curativa) unter
Freilandverhältnissen angesehen werden dürfen. Schander u. Richter
(1924) glauben, daß bei den Sklerotien der Trocknungsvorgang durch
die Kapillaritätswirkung der geringen Zwischenräume zwischen den Hyphen sehr stark verlangsamt wird und infolgedessen wesentlich kürzere
Beizzeiten zur Abtötung der Sklerotien genügen als die im Laboratorium gefundenen. Braun (1926) vertritt im Gegensatz dazu die Anschauung, daß diese Kapillaritätswirkung das Eindringen der Beizmittel
außerordentlich erschwert und ein Teil der etwa eingedrungenen Beiz-
lösung in das umgebende Erdreich wieder heraustritt. Infolgedessen sei
die im Laboratorium gefundene Beizdauer auch für Freilandversuche
aufrechtzuerhalten. Er kommt dann unter Berücksichtigung der Auflaufgeschwindigkeit der Knollen für eine Beizdauer von 60 Minuten zu
folgenden Mindestkonzentrationen: Quecksilberchlorid 0,2%, Segetan
0,25%, Uspulun 2,0%, Germisan 2,0%, Formaldehyd 0,67%.

Wesentlich empfindlicher als die Sklerotien sind die Hyphen gegenüber toxischen Substanzen. Braun fand für eine Beizdauer von 60 Minuten folgende Werte: Quecksilberchlodrid 0,0025%, Segetan 0,0063%,
Uspulun 0,025%, Germisan 0,025%, Formaldehyd 0,25%. Steigerung der
Temperatur erhöhte die Wirkung nicht unerheblich. Braun konnte

auch zeigen, daß außerordentlich geringe Giftmengen genügen, um eine Wachstumshemmung oder -einstellung der Hyphen herbeizuführen.

Untersuchungen zur Feststellung der dosis toxica, d. h. der die Wirtspflanze eben deutlich schädigenden Konzentration des Beizmittels sind nur von BRAUN (1926, 1928) angestellt worden. Er hat in großem Umfang Knollen verschiedener Sorten zu verschiedenen Zeiten verschiedenen Behandlungen unterworfen und anschließend ihre Keimfähigkeit im Laboratorium geprüft. Auf Grund einjähriger Versuche hat er für eine einstündige Beizdauer folgende Grenzkonzentrationen ermittelt: Sublimat 0,1%, Segetan 0,2%, Uspulun 2,0%, Germisan 1,0%, Formaldehyd 0,66%. Dabei weist er aber ausdrücklich darauf hin, daß zweifellos schon geringere Konzentrationen schädigend auf die Entwicklungsfähigkeit der Knollen einwirken. BRAUN errechnet hieraus den chemotherapeutischen Index (Quotient von dosis curativa und dosis toxica) und findet, daß der zulässige Grenzwert von allen Mitteln überschritten wird, demnach keins als brauchbar anzusehen ist. Andererseits betont er aber nachdrücklich, daß die gefundenen Werte nur beschränkte Gültigkeit haben, nämlich nur für den Zeitpunkt, in dem die Beizung ausgeführt ist, d. h. Mitte Mai. In zwei weiteren Jahren ist er deshalb der Frage nachgegangen, ob und wieweit sich die Empfindlichkeit der Knollen gegenüber den Beizmitteln während der Wintermonate ändert. Es zeigte sich, wie zu erwarten, daß die Höhe der während der Wintermonate ohne Schädigung anwendbaren Konzentrationen die im Frühjahr zulässigen um ein erhebliches übertrifft, daß aber der Zeitpunkt der Beizung nur einen bedingten Einfluß auf ihre Wirkung hat; er scheint ohne Bedeutung, wenn es nur gelingt, den Keimprozeß vollständig zu unterdrücken. Den Ausschlag gibt also das jeweilige Entwicklungsstadium der Knollen. Wichtig ist ferner, daß die Sorten auf die Beizung verschieden reagieren.

Die im Laboratorium gefundenen Ergebnisse sind im Feldversuch von verschiedenen Forschern nachgeprüft worden. So fanden MELHUS u. GILMAN (1921), daß im allgemeinen die Laboratoriumsbefunde im Freiland bestätigt wurden und daß die Zahl keimfähiger Sklerotien nach einer Behandlung als Maßstab ihrer praktischen Wirksamkeit benutzt werden kann. Auch BRAUN (1926) gibt an, daß Laboratoriums- und Feldversuche gute Übereinstimmung zeigten und das in der Getreidebeizung mit Erfolg angewandte Verfahren der Errechnung des chemotherapeutischen Index grundsätzlich auch bei der Kartoffelbeizung anwendbar sei.

Zum Maßstab der Wirkung ist meistens der Gesamtertrag, der Anteil großer und kleiner oder mißgebildeter und derjenige mit Sklerotien besetzter Knollen gemacht. Daß der letztere Anteil ein zuverlässiges Maß für die Beizwirkung ist, trotzdem die Hauptschäden beim Auflauf in die Erscheinung treten, haben

Gilman u. Melhus (1923) und Braun (1926) gezeigt. Die Prozentsätze von Pflanzen mit Stengelwunden und von Knollen mit Sklerotien wiesen die gleiche Tendenz auf.

Als Beizmittel sind in erster Linie Quecksilberchlorid und Formaldehyd zur Anwendung gelangt, daneben in weniger Fällen auch einige der bekannten quecksilberhaltigen Beizmittel sowie vereinzelt Kupfersulfat (Bisby 1918, 1924; Fremann 1921; Melhus u. Gilmann 1921), Kupfercarbonat (Heald 1923, Bisby 1924), Bordeauxbrühe (Heald 1920, Gilman u. Melhus 1923), Furfural (Flor 1927), Schwefel u. a. Jedoch spielen diese letzteren vorläufig keine Rolle. Im wesentlichen dreht es sich nur um die beiden zuerst genannten Mittel. Die Beurteilung ist wechselnd. Die Mehrzahl gibt aber dem Quecksilberchlorid den Vorzug und hält Formaldehyd nicht für besonders geeignet. Als erforderliche Konzentration für ersteres wird im allgemeinen eine solche von $1^0/_{00}$ bei $1^1/_2$ bis 2 Stunden Beizdauer genannt. Howitt u. Evans (1916) halten diese Konzentration allerdings nicht für ausreichend. Bei entsprechend frühzeitiger Beizung könne man aber auch ohne Gefahr viel stärkere Lösungen anwenden. Wenn dagegen die Augen zu keimen angefangen hätten, seien keine befriedigenden Ergebnisse mehr zu erzielen: starke Lösungen beeinträchtigten die Keimung und reduzierten den Ertrag, während schwache nicht ausreichten, um den Sklerotienbesatz herabzudrücken. Das deckt sich vollständig mit den von Braun gefundenen Ergebnissen. Verschiedentlich wird über wesentliche Steigerung der Wirkung durch Erhitzen der Lösung berichtet (Coons 1918, Dana 1923 u. a.). Andererseits kann nach Dorst (1923) eine Temperatur unter $+ 5^0$ C zu Schädigungen führen. Günstigen Einfluß soll ein Feuchthalten der Knollen für 24 bis 48 Stunden vor der Behandlung haben (Dana 1925, Idaho 1923).

Von Wichtigkeit ist schließlich die Frage, welche Mengen von Quecksilberchlorid durch die Knollen der Lösung entzogen werden. White (1924) ging aus von einer Konzentration von $1^0/_{00}$. Leider ist weder die Menge der Lösung und der behandelten Knollen, noch die Beizdauer angegeben, so daß sich genauere Feststellungen nicht machen lassen. Nach viermaligem Gebrauch war die Konzentration bei ganzen Knollen auf 57,4%, bei geschnittenen auf 12,5% der Ausgangskonzentration gesunken. Güssow (1922) hat Knollen, die 3 Stunden mit $HgCl_2$ 1:1200 gebeizt waren, ohne Abspülen an der Luft getrocknet. 3 Pfund hatten 0,05 g $HgCl_2$ zurückbehalten, so daß der Verzehr solcher Knollen nicht ungefährlich ist. Demnach ist eine ständige Ergänzung des absorbierten Quecksilberchlorids notwendig. Für je 4 bushel (110 kg) Kartoffeln sollen 0,25 bis 0,5 ounze (8—15 g) $HgCl_2$ zu der Lösung hinzugefügt werden (Dana 1925, Hurst 1926).

Wir wiesen oben darauf hin, daß die Bekämpfung von *R. solani* durch die weite Verbreitung des Pilzes im Boden außerordentlich erschwert ist. Dementsprechend sind auch die Aussichten der Kartoffelbeizung sehr verschieden zu beurteilen. Soll die Einschleppung des Pilzes verhindert werden, so ist zweifellos in der Beizung ein wirksames Verfahren gegeben. Ob und wieweit es aber wirklich Böden gibt, in denen der Pilz nicht heimisch ist, muß dahingestellt bleiben. Eine Unterbindung der Einschleppung wird sich daher zum mindesten sehr häufig erübrigen.

Eine andere Frage ist, wieweit es gelingt, auf verseuchtem Boden einem Befall durch Beizung der Knollen vorzubeugen. Die Ansichten über den Wert des Verfahrens unter solchen Verhältnissen sind geteilt. HUME hat schon 1904 den Standpunkt vertreten, daß eine Befreiung der Ernte vom Befall nicht möglich ist, wenn der Parasit sich im Boden befindet, und NEWTON muß 1923 feststellen, daß trotz allgemeiner Anwendung der Pflanzgutbehandlung *Rhizoctonia solani* in British-Columbia schwere Ertragsrückgänge verursache. CUNNINGHAM (1926) meint, bis ein erfolgreicherer Weg zur Bekämpfung der Krankheit gefunden sei, sei es angezeigt, alle Knollen mit stärkerem Sklerotienbesatz auszuscheiden. Im Gegensatz dazu wird von vielen Seiten die Kartoffelbeizung als eine außerordentlich wertvolle Maßnahme angesehen, und in manchen Staaten der nordamerikanischen Union wird die Pflanzgutanerkennung geradezu von dem Nachweis der Beizung abhängig gemacht.

Worauf diese verschiedene Beurteilung zurückzuführen ist, läßt sich naturgemäß schwer entscheiden. In manchen Fällen mag sicherlich Mangel exakter Versuchsanstellung Erfolge vortäuschen. Von wesentlich größerer Bedeutung dürften aber Unterschiede in den Umweltbedingungen sein, die zweifellos auf das parasitäre Auftreten von *R. solani* großen Einfluß ausüben, ohne daß es, wie wir früher gesehen haben, im einzelnen bisher geglückt ist, diese Zusammenhänge eindeutig klarzulegen. Infolgedessen sind die Aussichten der Kartoffelbeizung auch nur von Fall zu Fall zu beurteilen, wobei auch die Frage der Wirtschaftlichkeit nicht zu vergessen ist. Für Deutschland ist nach wie vor das Verfahren als nicht reif zur Einführung in die Praxis zu bezeichnen.

c) Organisation der Bekämpfung.

Eine besondere Organisation der Bekämpfung von *R. solani* kann nach unseren heutigen Kenntnissen nicht in Betracht kommen, da wir bisher noch kein Verfahren kennen, dessen allgemeine Wirksamkeit einwandfrei erwiesen ist. Es muß daher jedem einzelnen überlassen bleiben, diejenigen Maßnahmen zu ergreifen, die jeweilig geeignet scheinen, ein Überhandnehmen der Schädigungen durch diesen Pilz zu verhindern. Zu diesen Maßnahmen gehört zweifellos auch die Verwendung von Pflanzgut, das möglichst frei von dem Erreger ist. Hier ist denn auch der einzige Angriffspunkt für eine organisatorische Regelung gegeben. Eine der wichtigsten Aufgaben der Saatenanerkennung ist bekanntlich, die Lieferung gesundheitlich einwandfreien Saatgutes zu gewährleisten, wobei der Hauptnachdruck auf den Ausschluß solcher Krankheiten gelegt wird, deren Übertragung durch das Pflanzgut auf den Nachbau zu befürchten ist. Daß *R. solani* zu dieser Gruppe von Krankeitserregern gehört, steht einwandfrei fest. Wie groß die Gefahr der Übertragung ist, ist eine andere Frage. SCHLUMBERGER teilt in den von der Biologischen Reichsanstalt herausgegebenen Richtlinien für die Anerkennung von Kartoffelfeldern die Krankheiten hinsichtlich ihrer Bewertung in drei Gruppen ein. Die erste Gruppe umfaßt diejenigen, die in mehr oder weniger allen Fällen eine Erkrankung des Nachbaus zur Folge haben, die zweite diejenigen, die unter bestimmten Verhältnissen eine Erkrankung des Nachbaus herbeiführen. Zu der ersten rechnet er das *Rhizoctonia*-Wipfelrollen, zu der zweiten die *Rhizoctonia*-Fußkrankheit. Als zulässige Höchstgrenze werden im ersten Fall im allgemeinen 5%, im zweiten 10% kranker Stauden gerechnet, wobei für die Fußkrankheit besonders darauf zu achten ist, in welchem Umfang bei der zweiten Besichtigung Sklerotien auf den Knollen auftreten und außerdem Witterungs- und Bodenverhältnisse weitgehend zu berücksichtigen sind. Die gleichen Prozentsätze sind durchschnittlich auch im nordamerikanischen Anerkennungsdienst als zulässige Höchstwerte angegeben. Wesentlich höhere Anforderungen stellt Holland. Hier werden die anerkannten Kartoffelfelder in drei Klassen eingeteilt. *Rhizoctonia* wird gemeinsam mit den Fehlstellen bewertet. In der besten Klasse dürfen höchstens 2% dieser Gruppe vorkommen. In den beiden anderen richtet sich die Höhe nach den außerdem auftretenden Krankheiten. Je höher der Anteil dieser, um so geringer der zulässige Besatz mit *Rhizoctonia* und Fehlstellen. Er schwankt zwischen 2 und 6%.

Literaturverzeichnis[1].

Appel, O.: Zur Kenntnis des Wundverschlusses bei den Kartoffeln. Ber. dtsch. bot. Ges. **24,** 118—122 (1906). — 2. Die *Rhizoctonia*-Krankheit der Kartoffel. Dtsch. landw. Presse **44,** 499 (1917). — 3. Was lehrt uns der Kartoffelbau in den Vereinigten Staaten von Nordamerika? Arb. Ges. z. Förd. d. Baues u. d. wirtsch. zweckm. Verwendg d. Kartoffeln 1918, H. 17, 54—58. — 4. Kartoffelkrankheiten. II. Teil. Berlin 1926. — **Ashby, S. F.:** 1. Report of the microbiologist 1917—1918. Ann. Rep. Bd. Agricult. a. Dept. Pub. Gard. a. Plantations Jamaica 1918, 33—34. (Ref. Exper. Stat. Rc. **43,** 151.) — 2. Researches on Panama disease. Proc. Ninth West Indian Agricult. Conf. 1624 1925, 51—53. (Ref. Rev. appl. Myc. **5,** 111.) — **Atkinson, G. F.:** 1. Some diseases of cotton. Alabama Agricult. Exp. Stat. Bull. 41 (1892). — 2. Damping off. Cornell Univ. Agricult. Exp. Stat. Bull. 94 (1895).

Bailey, M. A.: Mycological research on cotton. Egypt. Min. Agricult. Cotton Res. Bd. Ann. Rep. 1, 42—45 (1920). (Ref. Exp. Stat. Rc. **46,** 847). — **Balls, W. L.:** 1. The physiology of a simple parasite. Khediv. agricult. Soc. Yearbook **1905,** 173—195; **1906,** 93—99, 103—111. — 2. Temperature and growth. Ann. of Bot. **22,** 557—591 (1908). — **Barrus, M. F.:** *Rhizoctonia* stem rot of beans. Science, N. S. **31,** 796 (1910). — **Benecke, W.** u. **L. Jost:** Pflanzenphysiologie. Jena 1924. — **Bertus, L. S.:** 1. A sclerotical disease of groundnut caused by *Sclerotium rolfsii* Sacc. Ceylon Dept. Agricult. Yearbook **1927,** 41—43. (Ref. Rev. appl. Myc. **6,** 389—390.) — 2. A sclerotical disease of Maize (*Zea mays* L.) due to *Rhizoctonia solani* Kühn. Ceylon Dept. Agricult. Yearbook **1927,** 44—46. (Ref. Rev. appl. Myc. **6,** 286.) — 3. A dieback of tea seedlings. Trop. Agricult. **70,** 80—84 (1928). (Ref. Rev. appl. Myc. **7,** 543—544 (1928).) — **Bewley, W. F.:** 1. Report of the mycologist. Exper. a. Res. Stat. Cheshunt, Herts. Ann. Rept. **6,** 26—51 (1920). (Ref. Exp. Sta. Rec. **46,** 543—544.) — 2. ,,Damping off" and ,,foot rot" of tomato seedlings. Ann. appl. Biol. **7,** 156—172 (1920). — **Bewley, W. F.** a. **W. Buddin:** On the fungus flora of glasshouse water supplies in relation to plant disease. Ebenda **8,** 10—19 (1921). — **Birmingham, W. A.** a. **L. G. Hamilton:** Diseases of the cotton plant. N. S. Wales Agricult. Gaz. **34,** 880—882 (1923). — **Bisby, G. R.:** 1. Manitoba potato diseases and their

---

[1] Von einer vollständigen Aufführung der gesamten durchgesehenen Literatur mußte wegen ihres außerordentlich großen Umfanges abgesehen werden. Der Hauptwert wurde auf möglichst vollständige Erfassung der neueren Literatur gelegt. Für die ältere finden sich an mehreren Stellen sehr reichhaltige Zusammenstellungen. Es kann hier besonders verwiesen werden auf:

Duggar, B. M.: *Rhizoctonia crocorum* (Pers.) DC. and *R. solani* Kühn (*Corticium vagum* B. et C.) with notes on other species. Ann. Miss. Bot. Gard. **2,** 403—458 (1915). — **Peltier, G. L.:** Parasitic Rhizoctonias in America. Illinois agricult. exper. Stat. Bull. 189 (1916). — **Hartley, C.:** Damping-off in forest nurseries. U. S. Dept. Agricult. Bull. 934 (1921). — **Müller, K. O.:** Untersuchungen zur Entwicklungsgeschichte und Biologie von *Hypochnus solani* P. u. D. (*Rhizoctonia solani* K.). Arb. biol. Reichanst. Land- u. Forstw. **11,** 197—262 (1924). — **Braun, H.:** Die Bekämpfung von *Hypochnus solani* P. u. D. (*Rhizoctonia solani* K.) durch Beizung. Ebenda **14,** 411—454 (1926).

control. Manitoba Farmers Libr. Ext. Bull. 66 (1923). (Ref. Rev. appl. Myc. 2, 423.) — 2. Potato seed treatment tests in Manitoba. Phytopathology 14, 58 (1924). — **Bisby, G. R., Higham, I. F. a. H. Groh:** Potato seed treatment in Manitoba. Sci. Agricult. 3, 219—221 (1923). (Ref. Rev. appl. Myc. 2, 386.) — **Bisby, G. R. a. A. G. Tolaas:** Copper sulphate as a disinfectant for potatoes. Phytopathology 8, 240—241 (1918). — **Blodgett, F. M.:** A preliminary experiment using calomel as a dip treatment of seed potatoes. Amer. Potato J. 5, 6—12 (1928). (Ref. Rev. appl. Myc. 7, 666.) — **Bonorden, H. F.:** Handbuch der allgemeinen Mykologie. Stuttgart 1851. — **Bourdot, H. et A. Galzin:** Hyménomycètes de France. Bull. Soc. Myc. France 27, 248 (1911). — **Bourn, W. S. a. B. Jenkins:** *Rhizoctonia* disease on certain aquatic plants. Bot. Gaz. 85, 413—426 (1928). — **Bourne, B. A.:** Researches on the root disease of sugar-cane. Barbados Dept. Agricult. 1922. (Ref. Rev. appl. Myc. 2, 467.) — **Braun, H.:** Die Bekämpfung von *Hypochnus solani* P. u. D. (*Rhizoctonia solani* K.) durch Beizung. Arb. biol. Reichsanst. Land- u. Forstw. 14, 411—454 (1926). — 2. Untersuchungen zur Frage der Kartoffelbeizung. Pflanzenbau 5, 161—177 (1928). — **Briton-Jones, H. R.:** 1. Strains of *Rhizoctonia solani* Kühn (*Corticium vagum* Bert. a. Curt.). Trans. Brit. myc. Soc. 9, V, 200—210 (1924). — 2. Mycological work in Egypt. during the period 1920—1922. Min. Agricult. Egypt. Techn. a. sci. Service Bull. 49 (1925). — **Burger, O. F.:** Report of plant pathologist. Florida Agricult. Exp. Sta. 1923. (Ref. Rev. appl. Myc. 4, 592.) — **Burt, E. A.:** 1. The Telephoraceae of North America I. Ann. Miss. Bot. Garden 1, 185—228 (1914). — 2. The Telephoraceae of North America VI. *Hypochnus.* Ebenda 3, 203—205 (1916). — 3. The Telephoraceae of North America XV. *Corticium.* Ebenda 13, 173—175, 295—298 (1926). — **Butler, E. I.:** 1. Report of the imperial mycologist. Agricult. Res. Inst. a. Coll. Pusa Rept. 1910—1911 1912, 50—57; 1911—1912 1913, 56—57. — 2. Fungi and disease in plants. Calcutta 1918.

Candolle, A. P. de: Mémoire sur les rhizoctones, nouveau genre de champignons qui attaque les racines des plantes et en particulier celle de la luzerne cultivée. Mém. Mus. Hist. nat. 2, 209—216 (1815). — **Carpenter, C. W.:** Potatoe diseases in Hawaii and their control. Hawaii Stat. Bull. 45 (1920). (Ref. Exp. Sta. Rc. 42, 542.) — **Clark, E. S.:** Seed potato disinfection studies. New Jersey Agricult. Exp. Stat., 44. Ann. Rept. 1923 1924, 410—414. (Ref. Rev. appl. Myc. 4, 764—765.) — **Clayton, E. E.:** Control of seedbed diseases of cruciferous crops on Long Island by the mercuric chloride treatment for cabbage maggot. N. Y. Agricult. Stat. Bull. 537 (1926). — **Cohn, F.:** Jber. schles. Ges. vaterl. Kultur 31, 104—106 (1853). — **Comes, O.:** *Crittogamia agraria* 1891. — **Cook, M. T.:** 1. The diseases of tropical plants. London 1913. — 2. The *Alternaria* fruit rot and *Rhizoctonia* stem rot of tomatoes. Phytopathology 10, 59 (1920). — **Cook, M. T. a. W. T. Horne:** Insects and diseases of tobacco. Estac. Cont. Agron. Cuba Bull. 1 (1905). — **Cook, M. T. a. H. C. Lint:** Field studies on the *Rhizoctonia* of the potato. Phytopathology 6, 106 (1916). — **Cook, M. T. a. Taubenhaus, I. I.:** The relation of parasitic fungi to the contents of the cells of the host plants. I. The toxicity of tannin. Delaware Agricult. Exp. Stat. Bull. 91 (1911). (Ref. Exp. Sta. Rc. 25, 524.) — **Coons, G. H.:** 1. Seed tuber treatments for potatoes. Phytopathology 8, 457—468 (1918). — 2. Black root of strawberry. Quart. Bull. Michigan Agricult. Coll. 7, 25—26 (1924). (Ref. Rev. appl. Myc. 4, 101/102.) — **Coons, G. H. a. D. Stewart:** Prevention of seedling diseases of sugar beets. Phytopathology 17, 259—296 (1927). — **Corsaut, I. N.:** Studies of the *Rhizoctonia* disease of potatoes. Science, N. s. 42, 582—583 (1915). — **Costantin, I.:** Actualités biologiques. Les Rhizoctones. Importance de leur role. Ann. des Sci. natur. Bot. Sér. 6, I—XV (1924). — 2. Les mycorrhizes et la pathologie végétale. Rev.

Bot. appl. 4, 497—508 (1924). (Ref. Rev. appl. Myc. 4, 49.) — 2. Remarque sur les cultures asymbiotiques. Rev. Path. Veg. Ent. Agric. 12, 191—200 (1925).— **Cross, L. I.:** A field test of mercuric chloride solutions in potato seed treatment. Phytopathology 15, 241—242 (1925). — **Cunningham, G. H.:** 1. *Corticium* disease of potatoes. Experiments in control. New Zealand J. Agricult. 30, 14—21, 93—96 (1925). — **Cunningham, G. H. a. I. C. Neill:** *Corticium* disease of potatoes. Further experiments and adivce for control. Ebenda 33, 174—175 (1926). (Ref. Rev. appl. Myc. 6, 115.)

Dana, B. F.: 1. Notes on *Rhizoctonia*. Phytopathology 13, 509 (1923). — 2. The *Rhizoctonia* disease of potatoes. Washington Agricult. Exp. Sta. Pop. Bull. 131 (1925). (Ref. Rev. appl. Myc. 4, 564.) — 3. The *Rhizoctonia* disease of potatoes. Washington Agricult. Exp. Stat. Bull. 191 (1925). (Ref. Exp. Sta. Rec. 54, 450.) — **David, P. A. a. E. E. Roldan:** Important diseases of tobacco in the Experiment Station at Los Banos, and in Northern Luzon, Philippine Islands. Philippine Agricult. 15, 287—301 (1926). (Ref. Rev. appl. Myc. 6, 191.) — **Deighton, F. C.:** Mycological section Ann. Rpt. Lands a. Forests Dept. Sierra Leone 1926. 1927. (Ref. Rev. appl. Myc. 7, 305.) — **Dodge, B. O. a. N. E. Stevens:** The *Rhizoctonia* brown rot and other fruit rots of strawberries. J. agricult. Res. 28, 643—648 (1924). — **Doidge, E. M.:** Potato diseases. VI. The *Rhizoctonia* disease of potatoes (*Corticium vagum solani*). South African Fruit Grower 5, 6—7 (1918). (Ref. Exper. Stat. Rec. 41, 450.) — **Doran, W. L.:** Acetic acid as a soil disinfectant. J. Agricult. Res. 36, 269—280 (1928). — **Dorst, I. C.:** 1. Aantasting van de aardappelplant door *Rhizoctonia solani* en haar bestrijding door sublimat. Tijdschr. Plantenziekten 29, 97—106 (1923). — 2. Vermeerdering van aardappel *Rhizoctonia* in de nateelt door gebruk van stalmest. Ebenda 31, 115—118 (1925). — **Drayton, F. L.:** The *Rhizoctonia* lesions on potato stems. Phytopathology 5, 59—62 (1915). — **Drechsler, C.:** Root rot of peas in the middle atlantic states in 1924. Ebenda 15, 110—114 (1925). — **Duggar, B. M.:** 1. Three important fungous diseases of the sugar beet. Cornell Agricult. Exper. Stat. Bull. 163 (1899). — 2. Different types of plant diseases due to a common *Rhizoctonia.* Bot. Gaz. 27, 129 (1899). — 3. Fungous diseases of plants 444—452, 477—479. Boston 1909. — 4. *Rhizoctonia crocorum* (Pers.) DC. and *R. solani* Kühn (*Corticium vagum* B. and C.) with notes on other species. Ann. Miss. Bot. Gard. 2, 403—458 (1915). — 5. *Rhizoctonia solani* in relation to the „Mopopilz" and the „Vermehrungspilz". Ebenda 3, 1—10 (1916). — **Duggar, B. M. a. F. C. Stewart:** Different types of plant diseases due to a common *Rhizoctonia.* Science, N. s. 9, 172 (1899). — 2. A second preliminary report on plant diseases in the United States due to *Rhizoctonia.* Ebenda, N. s. 13, 249 (1901). — 3. The sterile fungus *Rhizoctonia.* Cornell Agricult. Exper. Stat. Bull. 186 (1901). — **Dye, H. W.:** The bottom-rot disease of western New York lettuce. Phytopathology 12, 48 (1922).

Eastham, I. W.: Some potato disease problems in British-Columbia. Sci. Agricult. 4, 89—94 (1923). (Ref. Rev. appl. Myc. 3, 418.) — **Edgerton, C. W., Taggart, W. G. a. E. C. Tims:** The sugar-cane disease situation in 1923 and 1924. Louisiana Agricult. Exper. Stat. Bull. 191 (1924). (Ref. Rev. appl. Myc. 4, 312.) — **Edson, H. A.:** Seedlings diseases of sugar beets and their relation to root-rot and crown rot. J. agricult. Res. 4, 135—168 (1915). — **Edson, H. A. a. Shapovalov:** Potato-stem lesions. Ebenda 14, 213—219 (1918). — **Eidam, E.:** Untersuchungen zweier Krankheitserscheinungen usw. Jber. schles. Ges. vaterl. Kultur 65, 261—262 (1887). — **Engler-Gilg:** Syllabus der Pflanzenfamilien. Berlin 1924. — **Engler-Prantl:** Die natürlichen Pflanzenfamilien. I. Teil, Ab. 1. Leipzig 1900. — **Eriksson, J.:** 1. A hitherto but little recognized potato disease

(*Hypochnus solani*). Med. Centr. Anst. Förs. Jordbr. **1912**, Nr 67, 1—11. (Ref. Exper. Stat. Rec. **29**, 152.) — 2. Arbeiten der pflanzenpathologischen Abteilung des Zentralinstituts für landwirtschaftliches Versuchswesen in Stockholm im Jahre 1912. Internat. agrartechn. Rdsch. **4**, 877—880 (1913). — 3. Die Pilzkrankheiten der landwirtschaftlichen Kulturpflanzen. Stuttgart 1926.

Fawcett, H. S.: Report of plant pathologist. Florida Stat. Rep. 1909. **1909**, 59—60. — **Ferdinandsen, C.:** Ukredtets betydning for plantesygdomme. Tidskr. Landøkonomi **6**, 265—278 (1923). (Ref. Rev. appl. Myc. **2**, 563). — **Finding, R. S.:** *Rhizoctonia* in jute: The inhibiting effect of potash manuring. Agricult. J. India, Indian Sci. Cong. **1918**, Nr 65—72. (Ref. Exper. Stat. Rec. **40**, 347.) — **Fischer, E.** u. **E. Gäumann:** Biologie der pflanzenbewohnenden parasitischen Pilze. Jena 1929. — **Flachs:** Wurzelhalsfäule an Salatpflänzchen. Obstu. Gemüsebau **73**, 103—104 (1927). — **Flor, H. H.:** The fungicidal activity of furfural. Iowa Stat. Coll. J. Sci. **1**, 199—223 (1927). (Ref. Rev. appl. Myc. **6**, 568.) — **Foëx, E.:** Potato scurf. J. agricul. prat., N. s. **38**, 73—75, 93—94, 111—113 (1922). (Ref. Exper. Stat. Rec. **48**, 349.) — **Frank, B.:** 1. Die pilzparasitären Krankheiten der Pflanzen **2**, 219. Breslau 1896. — 2. Neue Ergebnisse über die Ursachen der Kartoffelfäule. Dtsch. landw. Presse **24**, 113—114, 134—135 (1897). — 3. Über die Ursachen der Kartoffelfäule. Zbl. Bakter. II, **3**, 13—17 (1897). — 4. Kampfbuch gegen die Schädlinge unserer Feldfrüchte. Berlin 1897. — 5. Welche Verbreitung haben die verschiedenen Erreger der Kartoffelfäule in Deutschland? Dtsch. landw. Presse **25**, 347—348 (1898). — 6. Untersuchungen über die verschiedenen Erreger der Kartoffelfäule. Ber. dtsch. bot. Ges. **16**, 272—289 (1898). — **Freemann, E. M.:** Report of the division of plant pathology and botany. Minnesota Agricult. Exper. Stat. Rep. **29**, 72—77 (1921). (Ref. Rev. appl. Myc. **1**, 371.) — **Fries, E.:** Systema mycologicum Lund **1821, 1823, 1832.** — 2. Hymenomycetes Europaei. Upsala 1874. — **Fulton, H. R.:** Diseases of peppers and beans. Louisiana Agricult. Exper. Stat. Bull. 101 (1908). (Ref. Exper. Stat. Rec. **19**, 954.)

Gadd, C. H. a. L. S. Bertus: 1. A *Rhizoctonia* disease of Vigna. Ceylon Dept. Agricult. Yearbook **1926**, 31—33. (Ref. Rev. appl. Myc. **5**, 517.) — 2. *Corticium vagum* B. a. C. — The cause of a disease of *Vigna oligosperma* and other plants in Ceylon. Ann. bot. gard. Peradeniya **11**, 27—49 (1928). (Ref. Rev. appl. Myc. **7**, 744—745.) — **Gardner, M. W.:** Indiana plant diseases 1924. Indiana Acad. Sci. Proc. **41**, 237—257 (1926). (Ref. Exper. Stat. Rec. **57** 343.) — **Gäumann, E.:** 1. Vergleichende Morphologie der Pilze. Jena 1926. — 2. Die Sexualität der Pilze. Svensk bot. Tidskr. **22**, 33—48 (1928). — **Gilman, I. C.:** Effect of hardness of water on the fungicidal value of mercuric chloride solutions. Iowa Acad. Sci. Proc. **29** 347 (1922). (Ref. Rev. appl. Myc. **3**, 354.) — **Gilman, I. C. a. I. E. Melhus:** Further studies on potato seed treatment. Phytopathology **13**, 341—358 (1923). — **Girola, C. D.:** Potato diseases. Boll. Min. Agricult. (Argentina) **26**, 260—264 (1921). (Ref. Exper. Stat. Rec. **49**, 843.) — **Glasgow, H. a. W. O. Gloyer:** The mercuric chloride treatment for cabbage maggot control in its relation to the development of seed-bed diseases. J. Econ. Ent. **17**, 95—111 (1924). — **Gloyer, W. O.:** The efficiency of formaldehyde in the treatment of seed potatoes for *Rhizoctonia*. New York Agricult. Exper. Stat. Bull. 370 (1913). — **Gloyer, W. O. a. H. Glasgow:** Cabbage seedbed diseases and *Delphinium* root rots: Their relation to certain methods of cabbage maggot control. Ebenda Bull. 513 (1924). — **Godfrey, G. H.:** Experiments on the control of brown-patch with chlorophenol-mercury. Bull. Green Sect. U. S. Golf Assoc. **5**, 83—87 (1925). (Ref. Exper. Stat. Rec. **57**, 345.) — **Gram, E. a. S. Rostrup:** 1. Oversigt over Sygdomme hos Landbrugets ov Havebrugets Kulturplanter i 1922. Tidskr.

Planteavl. (Kopenhagen) **29**, 252 (1923). — 2. Oversigt over Sygdomme hos Landbrugets ov Havebrugets Kulturplanter i 1923. Ebenda **30**, 380 (1924). — **Gratz, L. O.**: 1. Irish potato disease investigations 1924/25. Florida Stat. Bull. 176 (1925). (Ref. Exper. Stat. Rec. **54**, 651.) — 2. Wire stem of cabbage. Corn. Univ. Agricult. Exper. Stat. Mem. **1925**, 85. — **Güssow, H. T.**: 1. Potato scurf and potato scab. Roy. agricult. Soc. J. **66**, 173—177 (1905). — 2. Beitrag zur Kenntnis des Kartoffelgrindes *Corticium vagum* (B. a. C.) var. *solani* Burt. Z. Pflanzenkrkh. **16**, 135—137 (1906). — 3. „*Rhizoctonia*" disease of potatoes. Canada Agricult. Exper. Farms Rep. 1912. **1912**, 199—202. — 4. An experiment with *Rhizoctonia* disease of potatoes. Ebenda 1913. **1914**, 484—485. — 5. The pathogenetic action of *Rhizoctonia* on potato. Phytopathology **7**, 209—213 (1917).

Haenseler, C. M.: Pea root rot investigation. New Jersey Stat. Rep. 1923. **1923** 366—375. (Ref. Exper. Stat. Rec. **52**, 744.) — **Harter, L. L.**: *Rhizoctonia* and *Sclerotium rolfsii* on sweet potatoes. Phytopathology **6**, 305—306 (1916). — **Harter, L. L. a. W. A. Whitney**: Mottle necrosis of sweet potatoes. J. agricult. Res. **34**, 893—914 (1927). — **Hartley, C.**: 1. The blights of coniferous nursery stock. U. S. Dep. Agricult. Bull. 44, 17 (1913). — 2. *Rhizoctonia* as a needle fungus. Phytopathology **8**, 62 (1918). — 3. Damping off in forest nurseries. U. S. Dep. Agricult. Bull. 934 (1921). — **Hartley, C. a. S. C. Bruner**: Notes on *Rhizoctonia*. Phytopathology **5**, 73—74 (1915). — **Hartley, E.**: The use of fungicides to prevent damping-off. Ebenda **2**, 99 (1902). — **Hartley, E., T. C. Merrill a. A. S. Rhoads**: Seedling diseases of conifers. J. agricult. Res. **15**, 521 bis 558 (1918). — **Hartley, E. a. R. G. Pierce**: The control of damping-off of coniferous seedlings. U. S. Dep. Agricult. Bull. 453 (1917). — **Heald, F. D.**: 1. Division of plant pathology. Washington Stat. Bull. 155, 34—38 (1920). (Ref. Exper. Stat. Rec. **43**, 749/750.) — 2. Some new hosts for the *Rhizoctonia* disease. Phytopathology **11**, 105 (1921). — 3. Division of plant pathology. Washington Agricult. Exper. Stat. 33. Ann. Rep. **1923**, 40—49. (Ref. Rev. appl. Myc. **3**, 321.) — **Hedgcock, G. G.**: A note on *Rhizoctonia*. Science, N. s. **19**, 268 (1904). — **Hemmi, T.**: On the relation of temperature to the damping off of garden-cress seedlings by *Pythium Debaryanum* and *Corticium vagum*. Phytopathology **13**, 273—287 (1923). — **Howitt, I. E.**: Result of experiments to prevent potato *Rhizoctonia*. Ebenda 14, 349 (1924). — **Howitt, I. E. a. W. G. Evans**: Corosive sublimate and time of treatment in relation to yield and control of *Rhizoctonia*. Ebenda **16**, 755 (1926). — **Hume, H. H.**: Potato diseases. Florida Agricult. Exper. Stat. Bull. 75 (1904). — **Hurst, R. R.**: Report of the Dominion field laboratory of plant pathology Charlottetown, P. E. I. Canada Dep. Agricult. Rep. 1925. **1926**, 20—29. (Ref. Rev. appl. Myc. **6**, 209.)

Idaho: Work and progress of the Idaho Agricultural Experiment Station for the year ended December 31, 1922. Idaho Agricult. Exper. Stat. Bull. 131 (1923). (Ref. Rev. appl. Myc. **3**, 192.)

Jochems, S. C. I.: *Rhizoctonia*-ziekten op Tabak in Deli. Bull. Deli Proefsta. Medan **1926**, Nr 21. (Ref. Rev. appl. Myc. **6**, 4.) — **Johnson, J.**: 1. The control of damping-off disease in plant beds. Wisconsin Agricult. Stat. Res. Bull. 31 (1914). (Ref. Exper. Stat. Rec. **30**, 846.) — 2. Tobacco diseases and their control. U. S. Dep. Agricult. Bull. 1256 (1924). — **Jones, D. H.**: An investigation of the potato rot occurring in Ontario during 1915. Abs. Bact. 1, 37—38 (1917). (Ref. Exper. Stat. Rec. **37**, 654.) — **Jones, F. R.**: Soil-inhabiting fungi parasitic upon the pea plant and their relation to disease. Phytopathology **15**, 59 (1925). — **Jones, F. R., I. Johnson a. I. G. Dickson**: Wisconsin studies upon the relation of soil temperature to plant disease. Wisconsin Agricult. Exper. Stat. Rec. Bull. 71 (1926). — **Jones, F. R. a. Linford, M. B.**: Pea disease survey in Wisconsin.

Ebenda 64 (1925). (Ref. Exper. Stat. Rec. **54**, 248.) — **Jørstad, I.**: Beretning om plantesykdommer i land-og havelruket 1920—21. I. Landbruksvekster og grunsaker. Rep. Min. Agricult. 1921/21. **1922**. (Ref. Rev. appl. Myc. **2**, 202).

Kansas: 1. Agricultural Experiment Station, Directors report for the biennium July 1, 1922 to June 30, 1924. **1924**, 75—81. (Ref. Rev. appl. Myc. **4** 208.) — 2. Disease of plants. Kansas Stat. Bien. Rep. 1924—26. **1926**, 65—71. (Ref. Exper. Stat. Rec. **56**, 841.) — **Kniep, H.**: Die Sexualität der niederen Pflanzen. Jena 1928. — **Köhler, E.:** 1. Die Resistenzfrage im Lichte neuerer Forschungsergebnisse. Zbl. Bakter., II. Abt. **78**, 222—241 (1929). — 2. Beiträge zur Kenntnis der vegetativen Anastomosen der Pilze. I u. II. Planta (Berl.) **8**, 140—153 (1929); **10**, 495—522 (1930). — **Kotila, I. E.**: Concerning a *Rhizoctonia* which forms hymenial cells and basidiospors in culture. Science, N. s. **67**, 490 (1928). — **Kühn, J.:** 1. Krankheiten der Kulturgewächse. Berlin 1858. — 2. Über den Schorf und die Pockenkrankheit der Kartoffeln. Z. landw. Zentralver. Sachsen **1889**.

Laubert: Ref. Bot. Zbl. **102**, 525—527 (1906). — **Lauritzen, J. I.**: *Rhizoctonia* rot of turnips in storage. J. agricult. Res. **38**, 93—108 (1929). — **Leefmanns, S.:** Ziekten en plagen der cultuurgewassen in Nederlandsch-Indie in 1926. Meded. Inst. Planktenziekten **73** (1927). — **Léveillé, I. H.**: Mémoire sur le genre *Sclerotium*. Ann. Sci. nat. Bot. **20**, 218—248 (1843). — **Lindau, G.**: Rabenhorsts Kryptogamen-Flora von Deutschland, Österreich und der Schweiz **1**, 683—686. Leipzig 1909. — **Lindau, G. u. E. Ulbrich:** Kryptogamenflora **1**. Berlin 1928. — **Link, Geo. K. K. a. M. Gardner:** Market pathology and market diseases of vegetables. Phytopathology **9**, 497—520 (1919). — **London:** Notes on insect and fungus pests. J. Board Agricult. **16**, 645 (1909). — **Lutman, B. F.**: Potato scab in new land. Phytopathology **13**, 241—244 (1923). — **Lyon, T. L. a. A. T. Wianco:** Diseases of sugar beets. Nebraska Agricult. Exper. Stat. Bull. 73 (1902). (Ref. Exper. Stat. Rec. **14**, 35.)

McAlpine, D.: Handbook of fungous diseases of the potato in Australia and their treatment. Melbourne 1912. 60—65, 75—77. — **Mc Cubbin, W. A., R. F. Hartmann a. K. M. Lauer:** Seed potato certification in Pennsylvania. Pennsylvania Dep. Agricult. Bull. 420 (1926). (Ref. Rev. appl. Myc. **6**, 51.) — **McDonald, J.:** 1. Annual report of the mycologist for the year 1924. Kenya Col. Dep. Agricult. Ann. Rep. **1924**, 106—111. (Ref. Exper. Stat. Rec. **57**, 145.) — 2. Dep. Agricult., Col. a. Protect. Kenya Bull. 21 (1928). — **Mac Millan, H. G. a. A. Christensen:** A study of potato seed treatment for *Rhizoctonia* control. Wyoming Agricult. Exper. Stat. Bull. **152**, 57—67 (1927). — **McRae, W.:** 1. Report of the imperial mycologist 1921—22. Agricult. Res. Inst. Pusa Sci. Reps. **1922**, 44—50. (Ref. Rev. appl. Myc. **2**, 260.) — 2. Report of the imperial mycologist (Pusa) 1923—24. (Ref. Exper. Stat. Rec. **54**, 246.) — **McWorther, F. P.**: Control of beet seedling diseases under greenhouse conditions. Virgina Truk Stat. Bull. 58 (1927), (Ref. Exper. Stat. Rec. **59**, 241.) — **Manns, T. F. a. J. F. Adams:** Department of plant pathology and soil bacteriology. Delaware Agricult. Exper. Stat. Bull. 135 (1924. (Ref. Exper. Stat. Rec. **51**, 147.) — **Marchal, E.**: Rapport sur les maladies cryptogamiques étudiées au Laboratoire de Botanique de l'Institut Agricole de Gembloux. Moisissure des tiges de la Pomme de terre. Bull. de l'Agricult. **17**, 10 (1901). — **Massey, R. E.**: Work of the section of plant physiology and pathology. Sudan Agricult. Res. Reps. 1926—27. **1928**, 120—142. (Ref. Rev. appl. Myc. **7**, 511.) — **Matsumoto, T.:** 1. Physiological specialisation in *Rhizoctonia solani* Kühn. Ann. Miss. Bot. Gard. **8**, 1—62 (1921). — 2. Further studies on physiology of *Rhizoctonia solani* Kühn. Bull. Imp. Coll. Agricult. a. Forestry (Morioka, Japan) **5**, 1—63 (1923). (Ref. Rev. appl. Myc. **2**, 419—420.) —

3. Supplementary note on the enzyme activity of *Rhizoctonia solani* Kühn.
Bull. Imp. Coll. Agricult. a. Forestry Morioka **1924**, Nr 8, 1—13. — **Matz, I.:**
1. A *Rhizoctonia* of the fig. Phytopathology 7, 110—117 (1917). — 2. The
Rhizoctonias in Porto Rico. Porto Rico J. Dep. Agricult. 1, 1—31 (1921). (Ref.
Rev. appl. Myc. 1, 273.) — **May, C. a. H. C. Young:** Control of damping off in
coniferous seed beds. Ohio Agricult. Exper. Stat. Bimonthly Bull. **12**, 45—47
(1927). (Ref. Rev. appl. Myc. 6, 588.) — **Melhus, I. E.:** Cooperative potato seed
treatment experiments. Phytopathology 11, 59—60 (1921). — **Melhus, I. E. a.
I. C. Gilman:** Measuring certain variable factors in potato seed treatment
experiments. Phytopathology 11, 6—17 (1921). — **Mitra, M.:** Report of the
imperial mycologist. Agricult. Res. Inst. Pusa Sci. Reps. 1924. **1925**, 45—57.
(Ref. Rev. appl. Myc. 5, 212—213.) — **Monteith, I.:** 1. Blue grass leaf spot.
Bull. Green Sect. U. S. Golf Assoc. 4, 172—173 (1924); 5, 198—199 (1925). —
2. July experiments for control of brown-patch on Arlington experimental turf
garden. Ebenda 5, 173—176 (1925). — 3. August experiments for control of
brown-patch at Arlington experimental turf garden. Ebenda 5, 202—203
(1925). — 4. Control of turf diseases with chemicals. Ebenda 5, 219—223
(1925). — 5. The seasons experience with chlorophenol mercury as a control
for brown-patch. Ebenda 5, 272—273 (1925). (Ref. Exper. Stat. Rec. **57**,
345—347.) — 6. The brown-patch disease of turf: its nature and control.
Bull. U. S. Golf Assoc. Green Sect. 6, 127—142 (1926). (Ref. Rev. appl. Myc.
5, 742.) — 7. Corrosive sublimate as a control for brown-patch. Bull. U. S.
Golf Assoc. Green Sect. 6, 151—155 (1926). — **Monteith, I. a. A. S. Dahl:** A com-
parison of some strains of *Rhizoctonia solani* in culture. J. agricult. Res. **36**,
897—910 (1928). — **Moore, H. C. a. E. I. Wheeler:** Seed treatment experiment
in Michigan. Amer. Potato J. 5, 100—103 (1928). (Ref. Rev. appl. Myc. 7, 666.)—
Morse, W. I. a. M. Shapovalov: 1. The *Rhizoctonia* diseases of potatoes. Maine
Agricult. Exper. Stat. Bull. 230 (1914). — 2. Seed and soil disinfectants for the
Rhizoctonia disease of potatoes. Phytopathology 6, 118—119 (1916). — **Müller,
K. O.:** 1. Über die Beziehungen von *Moniliopsis* Aderholdi zu *Rhizoctonia solani*.
Arb. biol. Reichsanst. Land- u. Forstw. 11, 321—325 (1923). — 2. Über die Be-
ziehungen zwischen *Rhizoctonia solani* Kühn und *Hypochnus solani* Prill. et Del.
Ebenda 11, 326—330 (1923). — 3. Untersuchungen zur Entwicklungsgeschichte
und Biologie von *Hypochnus solani* P. u. D. (*Rhizoctonia solani* K.). Ebenda
13, 197—262 (1924). — 4. Die *Rhizoctonia*-Krankheit (Hypochnose) der Kartoffel und ihre Bekämpfung. Pflanzenbau 1, 358—361 (1925).

Nacion, C. C.: Study of *Rhizoctonia* blight of beans. Philippine Agricult. **12**,
315—321 (1924). (Ref. Rev. appl. Myc. 3, 498/9.) — **Nakata, K. a. S. Takimoto:**
Studies on ginseng diseases in Korea. Bull. Agricult. Exper. Stat. Chosen **5**,
1—18 (1922). (Ref. Rev. appl. Myc. 2, 503.) — **Nakata, K., T. Nahajima a.
S. Takimoto:** Studies on sugar beet diseases and their control. Bull. Agricult.
Exper. Stat. Chosen 6, 1—118 (1922). (Ref. Rev. appl. Myc. 2, 524.) — **Nebraska
Station:** Plant diseases. Nebraska Stat. Rep. **1927**, 23—27. (Ref. Exper. Stat.
Rec. **59**, 840.) — **New Jersey:** Plant pathology. New Jersey Stat. Rep. **1927**,
26—29. (Ref. Exper. Stat. Rec. **59**, 338.) — **Newton, W. A.:** Experimental work
with potatoes. Agricult. J. British Columbia 8, 80—81, 86 (1923). (Ref. Rev.
appl. Myc. 2, 519.) — **North Dakota:** Investigations of potato diseases. North
Dakota Stat. Rep. 1915 1, 17—18 (1916). — **Nowell, W.:** Diseases of crop-plants
in the Lesser Antilles. London.

Oakley, R. A.: Brown-patch investigation. Bull. Green Sect. U. S. Golf
Assoc. 4, 87—92 (1924). (Ref. Exper. Stat. Rec. 57, 345.) — **Ogilvie, L.:** Damping
off. Agricult. Bull. Dep. Agricult. Bermuda **6**, 3 (1927). (Ref. Rev. appl.

Myc. **7**, 385.) — **Orton, C. R.** a. **G. F. Miles:** Seed potato treatment in 1927. Amer. Potato J. **5**, 131—136 (1928). (Ref. Rev. appl. Myc. **7**, 666). — **Orton, W. A.:** 1. Potato-tuber diseases. U. S. Dep. Agricult. Farmers Bull. 544 (1913). — 2. Potato wilt, leaf-roll, and related diseases. U. S. Dep. Agricult. Bull. 64 (1914).

Paddock, W.: Plant diseases of 1901. Colorado Agricult. Exper. Stat. Bull. 69 (1901). — **Palo, M. A.:** *Rhizoctonia* disease of rice. I. A study of the disease and of the influence of certain conditions upon the viability of the sclerotical bodies of the causal fungus. Philippine Agricult. **15**, 361—375 (1926). (Exper. Stat. Rec. **59**, 540.) — **Pammel, L. H.:** Fungous diseases of sugar beets. Iowa Agricult. Exper. Stat. Bull. 15 (1891). (Exper. Stat. Rec. **3**, 783.) — **Park, M.:** 1. Some investigations into conditions affecting the parasitism of *Rhizoctonia solani* Kühn. Ann. bot. gard. Peradenyia **10**, 259—273 (1927). (Ref. Rev. appl. Myc. **7**, 48.) — 2. Notes on some physiological conditions affecting the parasitism of *Rhizoctonia solani* Kühn. Ceylon Dep. Agricult. Yearbook **1927** 47—48. (Ref. Exper. Stat. Rec. **59**, 445.) — **Pearl, R. T.:** Report of the mycologist to the government of the central provinces and Berar. Rep. Dep. Agricult. Central Prov. a. Berar 1922. **1923**, 19—20. (Ref. Rev. appl. Myc. **3**, 77.) — **Peltier, G. L.:** 1. *Rhizoctonia* in America. Phytopathology **4**, 406 (1914). — 2. Parasitic Rhizoctonias in America. Illinois Agricult. Exper. Stat. Bull. 189 (1916). — 3. Carnation stem rot and its control. Ebenda Bull. 223 (1919). — **Persoon, C. H.:** Synopsis methodica fungorum. Göttingen 1801. — **Pethybridge, G. H.:** 1. Potato diseases. Dep. Agricult. a. Techn. Instr. Ireland J. **10**, 241—256 (1910). — 2. Investigation on potato diseases (second report. Ebenda **11**, 417 bis 449 (1911). — 3. „Black speck“ scab and „collar fungus“. Ebenda **15**, 513—517 (1915). — 4. Investigations on potato diseases (seventh report). Ebenda **16**, 564—596 (1916). (Ref. Exper. Stat. Rec. **37**, 350.) — **Peyronel, B.:** 1. Ricerche sulle micorize e sulla micoflora radicale normale delle piante. Boll. mens. R. Staz. Pat. Veg. **3**, 121—123 (1922). — 2. Alcune osservazioni sulla biologia della Rizottonia della Patata (*Hypochnus solani* Pril. e Del.). Ebenda **5**, 4—19 (1924). — **Philipps, I. F.:** Research: Indigenous forests. No. I. Disease in young natural regeneration of *Olea laurifolia* Lem. S. Afric. J. nat. Hist. **4**, 209—220 (1923). (Ref. Rev. appl. Myc. **3**, 375.) — **Pierce, R. G.** a. **C. Hartley:** Relative importance of *Pythium* and *Rhizoctonia* in coniferous seed beds. Phytopathology **9**, 50 (1919). — **Piper, C. V.** a. **H. S. Coe:** *Rhizoctonia* in lawn and pastures. Ebenda **9**, 89—92 (1919). — **Pole Evans, I. B.:** Report No. IV. Botany and Plant pathology. J. Dep. Agricult. S. Africa **11**, 571—576 (1925). (Ref. Rev. appl. Myc. **5**, 278—279.) — **Poll, V. W.:** Some tomato fruit rots in 1907. Nebraska Stat. Rep. **21**, 6—9 (1908). — **Pratt, O. A.:** 1. Experiments with clean seed potatoes on new land in Southern Idaho. J. agricult. Res. **6**, 573—575 (1916). — 2. Soil fungi in relation to diseases of the Irish potato in southern Idaho. Ebenda **13**, 73—99 (1918). — **Prillieux, E.** et **G. Delacroix:** *Hypochnus solani* nov. spec. Soc. Myc. France **7**, 220—221 (1891). — **Pritchard, F. I.** a. **W. S. Porte:** Collar rot of tomato. J. agricult. Res. **21**, 179—184 (1921).

Quanjer, H. M.: Over de betekenis van het pootgoed voor de verspreiding van ardappelziekte en over de voordelen eener behandeling met sublimat. Meded. Rijks Hoogere Land-, Tuin- en Boschbouwschool **9**, 94—126 (1916).

Raeder, I. M. a. **C. W. Hungerford:** The effect of presprinkling with water upon the efficiency of certain potato seed treatments for the control of *Rhizoctonia*. Phytopathology **12**, 447/8 (1922). — **Raeder, I. M., C. W. Hungerford** a. **N. Chapman:** 1. Seed treatment control of *Rhizoctonia* in Idaho. Idaho Stat. Res. Bull. 4 (1925). (Ref. Exper. Stat. Rec. **55**, 653.) — 2. Seed treatment control of *Rhizoctonia* of potatoes in Idaho. Phytopathology **17**, 793—814 (1927). —

Ramirez, R.: Tomato fungus diseases. Sec. Agricult. Fomento Dir. Agricult. Bol. 107, N. s. 62—72 (1920). (Ref. Exper. Stat. Rec. 46, 451.) — **Ramos, I. C.:** *Pythium* damping-off of seedlings. Philippine Agricult. 15, 85—97 (1926). (Ref. Rev. appl. Myc. 5, 752/3.) — **Ramsey, G. B.:** A form of potato disease produced by *Rhizoctonia.* J. agricult. Res. 9, 421—426 (1917). — **Ramsey, G. B. a. A. A. Bailey:** The development of soil rot tomatoes during transit and marketing. Phytopathology 19, 383—390 (1929). — **Rankin, W. H.:** Black rot of ginseng roots. Spec. Crops N. s. 8, 208—210 (1909). (Ref. Exper. Stat. Rec. 22, 246.)— **Rathbun, A. E.:** 1. Root rot of pine seedlings. Phytopathology 12, 213—220 (1922). — 2. Damping-off of taproots of conifers. Ebenda 13, 385—391 (1923). — **Rayllo, A. I.:** Untersuchungen und Beobachtungen über *Hypochnus solani*-Krankheit der Kartoffel. Mater. Myc. a. Phytop. Leningrad 6, 166—179 (1927). (Ref. Rev. appl. Myc. 6, 747—748.) — **Rhind, D.:** Report of the mycologist for the year ended the 30th June 1924. Burma Dep. Agricult. Rep. Myc. 1924. (Ref. Exper. Stat. Rec. 57, 639.) — **Richards, B. L.:** 1. Pathogenicity of *Corticium vagum* on the potato as affected by soil temperature. J. agricult. Res. 21, 459—483 (1921). — 2. A dry rot canker of sugar beets. Ebenda 22, 47—52. (1921). — 3. *Corticium vagum* as a factor in potato production. Phytopathology 12, 444 (1922). — 4. Further studies on the pathogenicity of *Corticium vagum* on the potato as affected by soil temperature. J. agricult. Res. 23, 761—770 (1923). — 5. Soil temperature as a factor affecting the pathogenicity of *Corticium vagum* on the pea and the bean. J. agricult. Res. 25, 431—450 (1923). — 6. Seed potato treatment. Utah Agricult. Exper. Stat. Circ. 60 (1926). (Ref. Rev. appl. Myc. 6, 50.) — **Richter, K.:** Der Einfluß von *Rhizoctonia solani* auf den Keimungsverlauf der Kartoffeln. Nachrichtenbl. dtsch. Pflanzenschutzdienst 2, 19—20 (1922). — **Riehm, E.:** Über den Zusammenhang zwischen *Rhizoctonia solani* Kühn und *Hypochnus solani* Prill. et Del. Mitt. biol. Anst. Land- u. Forstw. 1911, H. 11, 23. — **Rolfs, F. M.:** 1. Potato failures. Colorado Agricult. Exper. Stat. Bull. 70 (1902). — 2. *Corticium vagum* B. a. C. var. *solani* Burt. A fruiting stage of *Rhizoctonia solani.* Science, N. s. 18, 729 (1903). — 3. Potato failures. Colorado Agricult. Exper. Stat. Bull. 91 (1904). — 4. Report of horticulturist. Florida Agricult. Exper. Stat. Rep. 1905, 46—47. — **Rosen, H. R.:** *Fusarium vasinfectum* and the damping off of cotton seedlings. Phytopathology 15, 486—488 (1925). — **Rosenbaum, I.:** The origin and spread of tomato fruit rots in transit. Ebenda 8, 572—580 (1918). — **Rosenbaum, I. a. M. Shapovalov:** A new strain of *Rhizoctonia solani* on the potato. J. agricult. Res. 9, 413—419 (1917). — **Rostrup, E.:** Oversigt over Sygdommesies Optraeden hos Landbrugets Avlsplanter i Aaret (1893). Tidskr. Landbrugets Planteavl. 1, 150 (1895). Oversigt over Landbrugsplanternes Sydomme i 1897. Ebenda 5, 129 (1899). — **Roze, E.:** 1. Observations sur le Rhizoctone de la pomme de terre. C. r. Acad. Sci. Paris 123, 1017—1019 (1896). (Ref. Exper. Stat. Rec. 8, 995.) — 2. La maladie de la gale de la pomme de terre et ses rapports avec le *Rhizoctonia solani* Kühn. Soc. Myc. France Bull. 13, 23—28 (1897).

Saccardo, P. A.: Sylloge fungorum 6, 616. Padua 1873; 9, 130. Padua 1895; 14, 1175. Padua 1899. — **Schander, R.:** Die wichtigsten Kartoffelkrankheiten und ihre Bekämpfung. Arb. Ges. z. Förd. d. Baues u. d. wirtsch. zweckm. Verwendg d. Kartoffeln 1915, H. 4. — **Schander, R. u. Bielert:** Nekrose und andere Degenerationserscheinungen im Phloëm der Kartoffelpflanze. Arb. biol. Reichsanst. Land- u. Forstw. 15, 642—644 (1928). — **Schander, R. u. K. Richter:** 1. In welchem Verhältnis stehen Keimfähigkeit und Triebkraft der Kartoffelknollen zum Gesundheitszustand und Ertrag? Zbl. Bakter. II, 60, 27—50 (1923). — 2. Die *Rhizoctonia*-Keimfäule der Kartoffel und die Möglichkeit ihrer Bekämpfung durch Beizung. Angew. Bot. **6**, 408—427 (1924). — **Schenk, E.**: Über das Auftreten einer *Hypochnus*-Art auf Zuckerrübe. Zbl. Bakter. II, **61**, 317—322 (1924). — **Schenk, P. I.**: *Rhizoctonia solani* aan Orchideeën. Floralia **47**, 761 (1926). (Ref. Rev. appl. Myc. **6**, 297.) — **Schlumberger, O.**: 1. Saatenanerkennung und Pflanzenkrankheiten im Jahre 1927. Nachrichtenbl. dtsch. Pflanzenschutzdienst **8**, 59—61 (1928). — 2. Saatenanerkennung und Pflanzenkrankheiten im Jahre 1928. Ebenda **9**, 59—60 (1929). — **Schroeter, I.**: Die Pilze Schlesiens. I. Breslau 1889. — **Schweizer, I.**: 1. *Sclerotium rolfsii* Sacc. en *Rhizoctonia solani* op *Indigofera endecaphylla*. Arch. Rubbercultuur **11**, 150—154 (1927). (Ref. Rev. appl. Myc. **6**, 638—639.) — 2. *Rhizoctonia* op *Hevea brasiliensis*. Arch. Rubbercultuur Nederl. Indie **11**, 420—431 (1927). (Rev. appl. Myc. **7**, 194—195.) — **Selby, A. D.**: 1. A disease of potato stem in Ohio due to *Rhizoctonia*. Science, N. s. **16**, 138 (1902). — 2. A rosette disease of potatoes. Ohio Agricult. Exper. Stat. Bull. 139 (1903). — 3. Studies in potato rosette. II. Ebenda Bull. 145 (1903). — 4. Tobacco diseases and tobacco breeding. Ebenda Bull. 156 (1904). — **Selvig, G. G.**: Potato disease control. Minnesota Agricult. Exper. Stat. Rep. **1921**. (Ref. Exper. Stat. Rec. 47, 352.) — **Seymour, A. B.**: Host index of the Fungi of North America. Cambridge (Mass.) 1929. — **Shapovalov, M.**: 1. *Rhizoctonia solani* as a potato-tuber rot fungus. Phytopathology **12**, 334—336 (1922). — 2. What is „sore-shin"? Ebenda **16**, 761 (1926). — **Shapovalov, M. a. G. K. K. Link**: Control of potato-tuber diseases. U. S. Dep. Agricult. Farm. Bull. 1367 (1924). — **Shaw, F. I. F.**: 1. The morphology and parasitism of *Rhizoctonia*. Mem. Dep. Agricult. India Bot. Ser. **4**, 115—153 (1912). — 2. Studies in diseases of the jute plant. 2. *Macrophoma corchori* Saw. Ebenda **13**, 193—199 (1924). — **Shaw, F. I. F. a. S. L. Ajrekar**: The genus *Rhizoctonia* in India. Ebenda **7**, 177—194 (1915). — **Sherbahoff, C. D.**: 1. Report of the assistant plant pathologist. Florida Agricult. Exper. Stat. Rep. 1915. **1916**, 94—98. — 2. Report of the associate plant pathologist. Ebenda 1916. **1917**, 80—86. — **Small, T.**: 1. „*Rhizoctonia* foot-rot" of the tomato. Exper. a. Res. Stat., Cheshunt, Herts, Ann. Rep. **11**, 76—85 (1925). (Ref. Exper. Stat. Rec. **57**, 548.) — 2. *Rhizoctonia* „foot-rot" of the tomato. Ebenda **12**, 35—37 (1926). (Ref. Exper. Stat. Rec. **59**, 535.) — 3. *Rhizoctonia* „foot-rot" of the tomato. Ann. appl. Biol. **14**, 290—295 (1927). — **Small, W.**: Annual report of the government mycologist. Uganda Dep. Agricult. Rep. 1922. **1924**, 27—29. (Ref. Rev. appl. Myc. **3**, 509.) — **Snell, K.**: Beiträge zur Kenntnis der pilzparasitären Krankheiten von Kulturpflanzen in Ägypten und ihrer Bekämpfung. Angew. Bot. **5**, 121—131 (1923). — **Sorauer, P.**: Handbuch der Pflanzenkrankheiten. 2. Aufl. Berlin 1886. 3. Aufl. Berlin 1908. 4. Aufl. Berlin 1923. — **Spaulding, P.**: The damping-off of coniferous seedlings. Phytopathology **4**, 73—88 (1914). — **Stakman, L. J.**: Some fungi causing root and foot rots of cereals. Res. Publ. Univ. Minnesota, Studies in Plant Sci. **1923**, 140—153. (Ref. Rev. appl. Myc. **3**, 83.) — **Stevens, F. L.**: The fungi which cause plant disease. New York 1913. 406—408, 659—660. — **Stevens, F. L. a. I. G. Hall**: Diseases of economic plants **1923**. — **Stevens, F. L. a. G. W. Wilson**: Okra wilt (fusariose), *Fusarium vasinfectum*, and clover *Rhizoctonia*. North Carolina Stat. Rep. **1911**, 34, 70—73. (Ref. Exper. Stat. Rec. **26**, 844.) — **Stewart, F. C.**: 1. The stem rot of carnations. Bot. Gaz. **27**, 129—130 (1899). — 2. Notes on New York plant diseases. I. New York Stat. Bull. 328, 383—386 (1910). — **Stokdyk, E. A. a. L. E. Melchers**: Potato disease control in Kansas. Kansas Agricult. Exper. Stat. Bull. 231 (1924). (Ref. Rev. appl. Myc. **3**, 549.) — **Stone, G. E. a. R. E. Smith**: 1. The rotting of greenhouse lettuce. Mass. Exper. Stat. Bull. 69 (1900). (Ref. Exper. Stat. Rec. **12**, 856/7.) — 2. Report of the botanists. Ebenda **14**, 57—85 (1902). (Ref. Exper. Stat. Rec.

14, 157—158.) — **Sydow, H.** u. **P.:** Eine kurze Mitteilung. Ann. Mycol. **4,** 551 (1906).

Taslim, Md.: Stem rot of Berseem caused by *Rhizoctonia solani* Kühn. Pusa Agricult. Res. Inst. Bull. 180 (1928). — **Taubenhaus, I. I.:** 1. The disease of the sweet pea. Del. Agricult. Exper. Stat. Bull. 106, 9—11 (1914). (Ref. Exper. Stat. Rec. **32,** 446.) — 2. Diseases of the sweet pea. Gardeners Chronicle **54,** 22—23 (1923). — **Thomas, K. S.:** Onderzoekingen over *Rhizoctonia.* Utrecht 1925. — **Thomas, H. E.:** Some chemical treatments of soil for the control of damping-off fungi. Phytopathology 17, 499—506 (1927). — **Thompson, A.:** Annual report of the mycologist for 1923. Malayan Agricult. J. **12,** 246—251 (1924). (Ref. Agricult. Exper. Stat. Rec. **53,** 148.) — **Thurston, H. W.:** A note on the corrosive sublimate treatment for the control of *Rhizoctonia.* Phytopathology 11, 150—151 (1921). — **Tice, C.:** Seed potato inspection and certification in British Columbia. Canada Sci. Agricult. **2,** 249—251 (1922). (Ref. Rev. appl. Myc. 1, 360.) — **Tilford, P. E.:** Brown patch of lawns and golf greens. Ohio Agricult. Exper. Stat. Bull. 117 (1925). (Ref. Rev. appl. Myc. **5,** 234.) — **Tucker, I.:** Canadian certified seed potatoes: Rules and regulations governing their production. Canada Dep. Agricult. Pamphlet 84 (1927). (Ref. Rev. appl. Myc. **7,** 533.) — **Tulasne, L.** et **C.:** Fungi Hypogaei. Paris 1853. 188—195.

Utkin, M. S.: The immunity of potato varieties to *Phytophthora infestans* and *Rhizoctonia solani.* Trudy 2 Vseross. Ent. Fitopat. Sezda Petrograd **1920,** 136—152. (Ref. Exper. Stat. Rec. **50,** 350.)

Van der Meer, I. H. H.: *Rhizoctonia-* en *Olpidium-* aantasting van Bloemkoolplanten. Tijdschr. Plantenziekten **32,** 209—242 (1926). — **Van Hall, C. I. I.:** Ziekten en plagen der Cultuurgewassen in Nederlandsch-Indië. Meded. Inst. Plantenziekten **70** (1926). — **Van Hook, I. M.:** Diseases of ginseng. New York (Cornell) Stat. Bull. 219, 174—176 (1904). — Ref. Exper. Stat. Rec. 16, 271/2.) — **Van Poeteren, N.:** 1. Verslag over de werkzaamheden van den Plantenziektenkundigen Dienst in het jaar 1923. Versl. en Meded. Plantenziektenkund. Dienst Wageningen **34,** 29 (1924). — 2. *Rhizoctonia solani* Kühn bij Tomaten. Ebenda **41,** 42—43 (1925). — 3. Verslag over de werkzaamheden van den Plantenziektenkundigen Dienst in het jaar 1926. Ebenda **51,** 34 (1928). — **Vaughan, R. E.** a. **I. W. Brann:** 1. Potato seed treatment. Phytopathology 8, 70 (1918). — 2. Hot formaldehyde for potato seed treatment. Wisconsin Agricult. Exper. Stat. Circ. 202 (1926). (Ref. Rev. appl. Myc. **5,** 627.) — **Vielwerth, V.:** *Nepoosimnuta choroba* Zemiakov. Ochrana Rostlin 8, 56—58 (1928). (Ref. Rev. appl. Myc. **7,** 665.)

Walker, I. C.: Diseases of cabbage and related plants. U. S. Dep. Agricult. Farmers Bull. 1439 (1927). — **Weber, A.:** Tomatsygdomme. Copenhagen, N. C. Rom 1922. (Ref. Rev. appl. Myc. **2,** 245—246.) — **Weber, G. F.** a. **A. C. Foster:** Disease of lettuce, romaine, escarole, and endive. Florida Stat. Bull. 195 (1928). (Ref. Exper. Stat. Rec. **59,** 541.) — **Weber, G. F.** a. **Ramsey, G. B.:** Tomato diseases in Florida. Florida Agricult. Exper. Stat. Bull. 185 (1926). (Ref. Exper. Stat. Rec. **56,** 549.) — **Wellensiek, S. I.:** 1. Infektieproeven met *Rhizoctonia* en *Moniliopsis* op tomaat en aardappel. Tijdschr. Plantenziekten **31,** 235—250 (1925). — 2. De identiteit van Kweekkasschimmel met Aardappel-*Rhizoctonia.* Tijdschr. vergelijk. Geneesk. enz. **10,** 1—5 (1924). (Ref. Rev. appl. Myc. **3,** 557/8.) — **Westerdijk, J.:** 1. *Rhizoctonia solani* in aardappeln. Jaarsverl. Phytop. Labor. „Willie Commelin Scholten" 1913/14. **1915,** 19—23. — 2. *Rhizoctonia solani*-ziekte van aardappels. Ebenda 1915. **1916,** 11—18. — **v. Wettstein, R.:** System der Pflanzen. Handwörterbuch der Naturwissenschaften **9,** 987—994. Jena 1913. — **Whetzel, H. H.** a. **J. M.**

Arthur: The gray bulb-rot of tulips caused by *Rhizoctonia tuliparum* (Klebh.) n. comb. Cornell Agricult. Exper. Stat. Mem. 89 (1925). — **White, R. P.:** 1. Loss of strength of mercuric chloride solutions used for treating potatoes. Phytopathology **14**, 58 (1924). — 2. *Rhizoctonia* crown rot of carrots. Ebenda **16**, 367—368 (1926). — 3. The efficiency of organic mercury compounds for the control of *Rhizoctonia* on the potato. Ann. Meet. Potato Assoc. America 1926. **1927**, 81—97. (Ref. Rev. appl. Myc. **7**, 262—263.) — **Wiant, I. St.,** Soil treatments for the control of damping-off in coniferous seed-beds. Phytopathology **17**, 51—52 (1927). — **Wolf, F. A.:** 1. Egg plant rots. Mycol. Zbl. **4**, 278—287 (1914). — 2. Fruit rots of egg plant. Phytopathology **4**, 38 (1914). — **Wolf, F. A.** a. **E. G. Moss:** Diseases of flue-cured tobacco. Bull. N. C. Dep. Agricult. **40**, 5—45 (1919). (Ref. Exper. Stat. Rec. **43**, 245—246.) — **Wollenweber, H. W.:** 1. *Ramularia, Mycosphaerella, Nectria, Calonectria.* Eine morphologisch-pathologische Studie zur Abgrenzung von Pilzgruppen mit zylindrischen und sichelförmigen Konidienformen. Phytopathology **3**, 197—242 (1913). — 2. Pilzparasitäre Welkekrankheiten der Kulturpflanzen. Ber. dtsch. bot. Ges. **31**, 17—33 (1913). — 3. Ernteverluste bei Kartoffeln durch den Wurzeltöter *Rhizoctonia solani*. Mitt. Reichsanst. Land- u. Forstw. **1921**, H. 21, 249—251. — 4. Beiträge zur Pflanzen- und Holzschutzmittelforschung. I. Vorprüfungen der Wirkung chemischer Schutzstoffe in Reisbreinährböden gegen Schadpilze. Angew. Bot. **4**, 273—279 (1922). — 5. Der Kartoffelschorf. Arb. Forschungsinst. Kartoffelbau. **6**, H. 2. Berlin 1920. — 6. Krankheiten und Beschädigungen der Kartoffel. Ebenda H. 7. Berlin 1923.

Young, H. C. a. **C. W. Bennett:** Growth of some parasitic fungi in synthetic culture media. Amer. J. Bot. **9**, 459—469 (1922).

Zimmermann, H.: *Rhizoctonia solani.* Ber. Hauptsammelstelle Rostock f. Pflanzenschutz **1909**, 23—24.

Monographien zum Pflanzenschutz

Herausgegeben von

Professor Dr. **H. Morstatt,** Berlin-Dahlem

Heft 1: **Der Apfelblattsauger.** Psylla mali Schmidberger. Von Dr. Walter Speyer, Regierungsrat bei der Biologischen Reichsanstalt für Land- und Forstwirtschaft, Zweigstelle Stade. Mit 59 Abbildungen. VII, 127 Seiten. 1929. RM 9.60

Aus den Besprechungen:

... Wir besitzen bis jetzt nur wenige derartige Werke auf angewandt-entomologischem Gebiet. Speyer war durch umfangreiche eigene Arbeiten und Versuche der gegebene Mann zur Bearbeitung des Apfelblattsaugers. Er hat die Aufgabe vortrefflich gelöst. Daß das unscheinbare Tier zu einem Schädling von großer wirtschaftlicher Bedeutung werden kann, zeigen die Verheerungen der letzten Jahre in dem hannoverschen Obstbaugebiet zwischen Hamburg und Stade, an deren Bekämpfung Speyer hervorragenden Anteil hat....

Möchten dieser schönen ersten Monographie der geplanten Serie bald weitere ebenbürtige Arbeiten folgen. Der deutsche Pflanzenschutz wird großen Nutzen daraus ziehen können.
„Badische Blätter für angewandte Entomologie."

Heft 2: **Die Rübenblattwanze.** Piesma quadrata Fieb. Von Dr. Johannes Wille, Aschersleben. Mit 39 Abbildungen. III, 116 Seiten. 1929. RM 9.60

Aus den Besprechungen:

Der Band hat in Wille einen sachkundigen Bearbeiter gefunden und kann in den rübenbauenden Gebieten auch von seiten der Praktiker Interesse beanspruchen, denn die Rübenblattwanze hat sich von Schlesien ausgehend in Anhalt und auch in der Provinz Sachsen, wo sie im Jahre 1922 zuerst festgestellt wurde, in den letzten Jahren stark verbreitet, und in vielen Bezirken hat dieser Befall sogar bedrohlichen Charakter angenommen. Die vorliegende Monographie gibt eine im biologischen Teil bis in die kleinsten Einzelheiten gehende Darstellung des Schädlings und seiner Bekämpfung. *„Landwirtschaftliche Wochenschrift."*

Heft 3: **Die Forleule.** Panolis flammea Schiff. Von Dr. Hans Sachtleben, Regierungsrat bei der Biologischen Reichsanstalt für Land- und Forstwirtschaft, Berlin-Dahlem. Mit 35 Abbildungen im Text und einer mehrfarbigen Tafel. IV, 160 Seiten. 1929. RM 15.80

Aus den Besprechungen:

Die große Forleulenkalamität der Jahre 1922/25 regte die vorliegende, in der Biologischen Reichsanstalt enstandene Arbeit an, in welcher der Verfasser seine eigenen Ergebnisse mit denen der Literatur zu einer umfassenden Darstellung verknüpft... Das Büchlein enthält eine große Menge biologisches Material, insbesondere auch über die Parasiten. Die Literatur ist wohl in erschöpfender Weise verwertet und ihr Inhalt fast überall durch eigene Untersuchungen nachgeprüft und ergänzt worden ... Die Darstellung nimmt überall stark auf die Bedürfnisse der Praxis Rücksicht, und so wird das Werk nicht nur dem Fachentomologen, sondern auch dem Forstmann wertvolle Dienste leisten. *„Entomologische Blätter."*